MÉMOIRES

PRÉSENTÉS PAR DIVERS SAVANTS

À L'ACADÉMIE DES SCIENCES DE L'INSTITUT DE FRANCE.

EXTRAIT DU TOME XXX.

MISSION D'ANDALOUSIE.

ÉTUDE GÉOLOGIQUE

DE LA SERRANIA DE RONDA,

PAR

MM. MICHEL LÉVY ET BERGERON.

PARIS.

IMPRIMERIE NATIONALE.

M DCCC LXXXVIII.

MISSION D'ANDALOUSIE.

Directeur de la Mission : M. F. FOUQUÉ,
MEMBRE DE L'INSTITUT;

Collaborateurs : MM. Michel Lévy, Marcel Bertrand, Charles Barrois,
Offret, Kilian, Bergeron et Bréon.

ÉTUDES

RELATIVES

AU

TREMBLEMENT DE TERRE DU 25 DÉCEMBRE 1884.

MÉMOIRES

PRÉSENTÉS PAR DIVERS SAVANTS
À L'ACADÉMIE DES SCIENCES DE L'INSTITUT DE FRANCE.
EXTRAIT DU TOME XXX.

MISSION D'ANDALOUSIE.

ÉTUDE GÉOLOGIQUE DE LA SERRANIA DE RONDA,

PAR

MM. MICHEL LÉVY ET BERGERON.

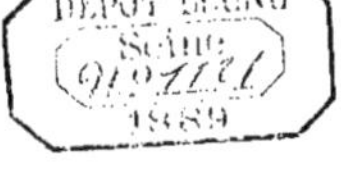

PARIS.

IMPRIMERIE NATIONALE.

M DCCC LXXXVIII.

ÉTUDE DU TERRAIN PLIOCÈNE

PAR M. J. BERGERON.

CHAPITRE VII.

TERRAIN PLIOCÈNE.

De nouvelles oscillations, qui se sont produites avant la période pliocène, ont donné à l'Andalousie, à peu de différence près, sa configuration actuelle. En effet, les dépôts pliocènes ne se rencontrent que sur les côtes de la Méditerranée ; il est vrai que parfois ces lambeaux se trouvent à des altitudes qui peuvent atteindre 100 mètres au-dessus de la mer.

Au lieu dit los Tejares, faubourg de Malaga, on exploite comme terre à poterie des marnes bleues d'une épaisseur de 15 à 20 mètres. Elles présentent le même facies minéralogique et la même faune que les marnes subapennines de tout le bassin occidental de la Méditerranée actuelle.

Cette ressemblance avec les dépôts classiques du pliocène inférieur frappa Scharenberg, qui, dès 1854, assimila les marnes de los Tejares aux marnes subapennines. Il donna la liste suivante des espèces qu'il y avait trouvées :

Balanus.
Fusus.
Pleurotoma cf. cataphracta Bronn.
Natica Josephina Bronn.
Pecten cristatus Gold.
Pecten scabrellus Lamk.
Pecten burdigalensis Lamk.
Pinna.
Arca diluvii Lamk.
Turbinolia duodecim-costata Bronn.
Flabellum cuneatum Gold.

Malheureusement cet auteur ne sépara pas ces marnes bleues des sables jaunes susjacents, et qui appartiennent au pliocène moyen ; aussi, dans la liste qu'il donne, y a-t-il un mélange des espèces des deux niveaux.

Trois ans plus tard, Ansted publia, dans son étude sur les environs de Malaga, la liste des espèces recueillies par de Verneuil dans ces mêmes marnes de los Tejares. Nous la reproduisons d'après l'auteur anglais :

> *Vermetus arenarius* Linn.
> *Dentalium elephantinum* Brocc.
> *Conus antediluvianus* Brocc.
> *Natica.*
> *Scalaria clathra* Brocc.
> *Rostellaria pes graculi* Brocc.
> *Triton apenninicum* Lamk.
> *Triton subcinctum* Lamk.
> *Ranella gigantea* Lamk.
> *Murex brevispina* Brocc.
> *Murex fistulosus* Brocc.
> *Fusus longiroster* Brocc.
> *Pleurotoma brevirostrum* Sow.
> *Pleurotoma cataphracta* Brocc.
> *Pleurotoma turricula* Brocc.
> *Pleurotoma dimidiata* Brocc.
> *Pleurotoma rotata* Brocc.
> *Turritella vermicularis* Brocc.
> *Turritella subangulata* Brocc.
> *Mitra scrobiculata* Brocc.
> *Buccinum semistriatum* Brocc.
> *Columbella nassoides* Bellardi.
> *Cassidaria.*
> *Turbo* sp. nov.
> *Pectunculus glycimeris* Lamk.
> *Venus umbonaria* Lamk.
> *Ostrea navicularis* Brocc.
> *Nucula placentina* Lamk.
> *Arca diluviana* Brocc.
> *Leda.*

Nous avons retrouvé à l'École des mines, dans la collection de

Verneuil, les fossiles cités par Ansted. D'après les corrections que portent les cartons, le *Dentalium elephantinum* devrait être rapporté au *Dentalium hexangulum;* le *Natica* indéterminé serait le *Natica canrena* Brocc. et le *Cassidaria* également indéterminé correspondrait au *Cassidaria echinophora* Linn. Quant au *Turbo*, ce n'est pas une espèce nouvelle, mais le *Turbo fimbriatus* Borson. Nous avons fait figurer cet exemplaire, mis gracieusement à notre disposition par M. Douvillé, parce que c'est le plus beau type que nous ayons encore vu de cette espèce.

Ansted donne également une liste des foraminifères trouvés dans ces marnes bleues et déterminés par Rupert Jones et Parker :

> *Lagena sulcata* Walker (2 variétés).
> *Nodosarina Raphanus* Linn. (6 variétés).
> *Nodosarina dentalina* Lamk. (7 variétés).
> *Vaginula badenensis* d'Orb.
> *Frondicularia planata* Defrance.
> *Cristellaria Calcar* Linn. var. *Cassis* Fichtel et Moll. (15 variétés).
> *Orbulina universa* d'Orb.
> *Globigerina bulloides* d'Orb.
> *Rotalia (Planorbulina) farcta* Fichtel et Moll. (6 variétés).
> *Rotalia repanda* Fichtel et Moll. (3 variétés).
> *Rotalia Beccarii* Linn. (1 variété).
> *Rotalia trochidiformis* Lamk.
> *Nonionina sphæroides* d'Orb.
> *Nonionina asterisans* Fichtel et Moll. (2 variétés).
> *Sphærodina bulloides* d'Orb.
> *Polystomella crispa* Linn. (1 variété).
> *Amphistegina vulgaris* d'Orb.
> *Bulimina obtusa* d'Orb. (4 variétés).
> *Uvigerina pygmæa* d'Orb. (2 variétés).
> *Verneuilina tricarinata* d'Orb. (4 variétés).
> *Textularia agglutinans* d'Orb. (3 variétés).
> *Miliola seminulum* Linn. (4 variétés).
> *Lituola nautiloidea* Lamk. (1 variété).

M. de Orueta, en 1875, reprit l'étude de ce gisement et arriva à la conclusion que c'était là un dépôt qu'il fallait rapporter au miocène supérieur. L'étude de la faune de los Tejares lui permit de dresser la liste suivante :

Pleurotoma intorta Bell.
Pleurotoma contigua Brocc. (variété de *P. turricula*).
Murex angulosus Brocc. ou *Fusus angulosus* Sism.
Turritella terebra.
Turritella acutangulata.
Scalaria lamellosa Brocc.
Mitra striatula Brocc.
Columbella subulata Bellardi.
Cancellaria calcarata Brocc.
Cancellaria spinulosa Brocc.
Ringicula buccinea Deshayes.
Ranella marginata Defrance.
Scaphander parisiensis d'Orb.
Tiphis pungens Soland.
Pecten pleuronectes Lamk.
Cytherea rugosa Bronn.

Nous n'avons cité que les espèces portant des noms spécifiques. Pour établir l'âge du dépôt des marnes bleues de los Tejares, M. de Orueta relève le nombre des espèces pliocènes, miocènes et éocènes recueillies par de Verneuil et par lui dans ce même gisement. Il arrive aux résultats suivants : sur 25 espèces déterminées par de Verneuil [1] il y en a :

1 ou 4 p. 100 caractéristiques du pliocène;
2 ou 8 p. 100 caractéristiques du miocène et du pliocène;
2 ou 8 p. 100 ne se trouvant pas dans le Prodrome de d'Orbigny;
20 ou 80 p. 100 appartenant à l'étage helvétien.

[1] M. de Orueta s'est servi de la liste donnée par Ansted que nous avons reproduite plus haut ; mais il a supprimé *Venus umbonaria*, *Pectunculus glycimeris*, qui appartiennent tous deux aux couches supérieures des marnes bleues, c'est-à-dire au pliocène moyen, ainsi que trois coquilles sans nom spécifique.

Parmi les 16 espèces qu'il a déterminées lui-même, il y en a :

1 ou 6,25 p. 100 caractéristiques du pliocène;
1 ou 6,25 p. 100 caractéristiques de l'éocène inférieur? (*Scaphander parisiensis*);
1 ou 6,25 p. 100 caractéristiques de l'éocène supérieur (*Tiphis pungens*);
13 ou 81,25 p. 100 caractéristiques de l'helvétien.

Nous avons préféré, pour déterminer l'âge de ce gisement, ne nous servir que des fossiles que nous avions recueillis nous-mêmes et dont le gisement ne pouvait être ainsi contesté. Puis, parmi les espèces reconnues, nous avons cherché celles qui sont vraiment caractéristiques d'un niveau, c'est-à-dire celles qui se font remarquer par des formes ou des dimensions spéciales à l'étage considéré ou encore par un plus grand développement numérique. Nous sommes arrivés ainsi à une conclusion différente de celle de M. de Orueta et conforme à celle de Scharenberg et d'Ansted.

Les débris de poissons que nous avons rapportés de los Tejares n'ont pu nous fournir de renseignements sur l'âge de ces marnes. M. le professeur Bassani, de l'université de Naples, qui a bien voulu se charger de la détermination spécifique de cette faune ichthyologique, y a reconnu une seule espèce :

Oxyrhina plicatilis Ag.

du pliocène de Castell' Arquato. Les autres espèces telles que

Lamna cuspidata Ag.
Sphyrna prisca Ag.
Oxyrhina crassa Ag.
Otodus cf. Lawleyi Bassani

se rencontrent surtout dans le miocène moyen. Mais il faut remarquer, ainsi que nous l'écrivait le professeur Bassani, que certains poissons des étages helvétien et tortonien ont vécu aussi dans le pliocène inférieur et moyen.

Voici la liste des espèces de mollusques que nous y avons rencontrées; nous avons cru intéressant d'indiquer les différents niveaux auxquels elles avaient été déjà trouvées[1].

		MIOCÈNE.			PLIOCÈNE MÉDITERRANÉEN.			PLIOCÈNE SEPTENTRIONAL.		QUATERNAIRE.	VIVANTES.			
	Los Tejares.	Inférieur.	Moyen.	Supérieur.	Inférieur.	Moyen.	Supérieur.	Inférieur.	Moyen.		Méditerranée.	Atlantique Nord.	Atlantique Sud.	Océan Indien.
Conus Brocchii Bronn	r	*	*	*	*			*						
— antidiluvianus Brug.	r	?		*	*	r								
Pleurotoma rotata Brocc.	c		*	*	*	rr								
— turricula Brocc.	ccc		*	*	*	*		*	*		?	*		
— dimidiata Brocc.	ccc			*	*	r								
— Allionii Bell.	cc		*	*	*									
— cataphracta Brocc.	cc	*	*	*	*	*					*			*
— intorta Brocc.	r		*	*	*	*		*						
Mitra scrobiculata Brocc.	cc		*	*	*									
Fusus longiroster Brocc.	c		*	*	*									
— Puschi Hörn	cc		*		*									
Triton nodiferum Lamk.	r		r	r	*		*				*		*	
Ranella marginata Martini	r		*	*	*	*							*	
Cassidaria echinophora Linn	r			r	*		*				*			
Chenopus Uttingerianus Risso	cc			*	*									
Turritella subangulata Brocc	r		*	*	*	*					?			
Xenophora crispa König	r			*	*	*					*		*	
Natica helicina Brocc.	c		*	*	*	*		*		*	*	*	*	
— Companyoni Font	c					*				*	*	*	*	
Turbo fimbriatus Bors	c			*	*									
Arca diluvii Lamk.	ccc	*	*	*	*	*					*		*	
Pleuronectia cristata Bronn	cc	*	×	*	*	*							*	
Pecten scabrellus Lamk.	rr	*	*	*	*	?								
Rhabdocidaris nov. sp.	rr													
Flabellum malagense nov. sp.	r													

[1] Pour plus de détails, nous renvoyons à l'étude paléontologique qui suit ce chapitre. (Voir p. 250.)

Ce tableau montre que, sur vingt-trois espèces déjà dénommées, il n'y en a que trois qui ne soient pas citées dans le miocène supérieur : c'est le *Fusus Puschi*, qui se rencontre cependant dans le miocène inférieur; le *Xenophora crispa*, qui ne semble pas être antérieur à l'époque pliocène et dont le maximum de développement correspond au pliocène moyen; enfin le *Natica Companyoni*, qui n'a été distingué que dernièrement par M. Fontannes du *Natica millepunctata*, avec lequel il a pu être confondu au milieu des fossiles miocènes.

De ces trois espèces, il n'y a donc que le *Xenophora crispa* qui soit caractéristique du pliocène. La présence seule de ce dernier fossile ne suffirait pas, selon nous, pour faire rentrer les dépôts de los Tejares dans le pliocène inférieur, car il peut se trouver un jour ou l'autre dans les dépôts miocènes. Ce qui nous a décidés, c'est l'existence à Malaga de variétés bien spéciales au terrain pliocène, quoique dérivant d'espèces que l'on rencontre dans le miocène supérieur. C'est ainsi que nous avons recueilli les formes des *Mitra scrobiculata, Arca diluvii, Pleuronectia cristata*, caractéristiques du pliocène. De plus, les *Pleurotoma rotata, Pl. turricula, Pl. dimidiata, Pl. Allionii, Pl. intorta, Chenopus Uttingerianus* sont très abondants, ainsi qu'on l'a toujours constaté dans les marnes bleues du pliocène inférieur.

Enfin, comme dernier argument en faveur de notre classification, nous dirons que sur ces marnes bleues de los Tejares reposent, en stratification concordante, des sables jaunes riches en *Pecten* et qui appartiennent au pliocène moyen.

Ces sables ne se voient pas partout à los Tejares; ils ont dû être enlevés par érosion en beaucoup de points. Parfois même, les eaux ayant produit ces érosions ont remanié le pliocène moyen et elles y ont amené des espèces quaternaires, ce qui pourrait expliquer certains mélanges d'espèces signalés par plusieurs auteurs.

Cet étage moyen du terrain pliocène n'atteint, dans la plaine de Malaga, qu'une faible altitude, tandis que sur la côte de la

Méditerranée, au Palo et près de Velez Malaga, on le rencontre à plus de 100 mètres au-dessus du niveau de la mer.

MM. Bertrand et Kilian ayant fait une étude spéciale de l'étage moyen du pliocène, nous renvoyons à leur travail pour ce qui concerne les sables à *Pecten* de los Tejares.

A peu de distance à l'ouest de ces dépôts présentant les *caractères* minéralogiques et paléontologiques des deux étages inférieurs du pliocène, on voit, reposant sur des grès nummulitiques, des sables marneux dits *bizcornil* dans le pays. Ils forment une grande bande de plusieurs kilomètres de large, qui s'étend à l'ouest de Fuengirola jusqu'à Estepona et dont l'altitude atteint jusqu'à 76 mètres au-dessus du niveau de la mer. La faune qu'on y rencontre présente de telles affinités avec la faune actuelle, que nous l'avions rapportée tout d'abord à l'époque quaternaire[1]. Mais une étude plus approfondie nous a permis de reconnaître que nous avions affaire à un de ces curieux dépôts, tels qu'on en a déjà signalé plusieurs dans la partie orientale de la Méditerranée, et que l'on rapporte au terrain pliocène. On y trouve un mélange d'espèces fossiles, franchement pliocènes, et d'espèces vivantes. Mais le fait qui présente le plus d'intérêt, c'est que plusieurs de ces dernières vivent aujourd'hui dans les parties profondes de la Méditerranée, ou bien encore elles appartiennent à la faune de l'océan Atlantique.

Voici la liste des espèces que nous avons recueillies dans ces sables, près de San Pedro de Alcantara. Nous avons indiqué dans le tableau suivant toutes les régions et tous les niveaux géologiques dans lesquels elles ont été citées[2].

---

[1] *Comptes rendus de l'Académie des sciences*, séance du 20 avril 1885.

[2] Pour plus de détails sur les mollusques, nous renvoyons à l'étude paléontologique. (Voir p. 281.)

	San Pedro de Alcantara	Miocène — Moyen	Miocène — Supérieur	Plioc. médit. — Inférieur	Plioc. médit. — Moyen	Supérieur — Sicile	Supérieur — Calabre	Supérieur — Cos	Supérieur — Chypre	Supérieur — Rhodes	Plioc. du Nord — Inférieur	Plioc. du Nord — Moyen	Quaternaire	Vivantes — Méditerranée	Vivantes — Atlantique Nord	Vivantes — Atlantique Sud	Vivantes — Océan Indien
Cleodora pyramidata Linn.	ccc		*	*		*				*				*	*	*	
Bulla acuminata Brug.	rr	?		*		?					*			*	*		
Marginella auris leporis Brocc.	rr			*													
Cerithium scabrum Olivi	r	*	*	*	*	*		*	*	*			*	*	*	*	
Vermetus intortus Bronn	ccc	*		*		*					*	*		*			
Calyptræa chinensis Linn	c	*	*	*	*	*	*	*		*	*	*		*	*	*	
Natica helicina Brocc	r	*	*	*	*						*		*	*	*	*	
Trochus magus Linn	r		?	*	*	*	*						*				
— patulus var. β Brocc	r		*	*	*												
Eumargarita Cuadræ nov. sp	c																
— Fischeri nov. sp	rr																
Rimula capuliformis Pecchi	r			*													
Tectura virginea Muller	r				*	*					*	*	*	*	*	*	
Acroreia dubia nov. sp	rr																
Dentalium delphinense Font	r		?	*													
— entale var. Tarentinum Lamk	r		*	*							*			*	*	*	
Loxoporus Divæ Ch. Vélain	r																*
Ostrea lamellosa var. Cortesiana Cocc	ccc			*													
Pecten similis Laskey	ccc	*	*			*					*				*	*	*
— fenestratus Forbes	ccc					*					*			*	*	*	
— opercularis Linn	cc	*	*	*		*					*	*			*	*	
— Macphersoni nov. sp	cc																
Lima subauriculata Montagu	c	*				*					*				*	*	
Limea strigilata Brocc	r	*	*	*	*						*						
Modiola phaseolina Philippi	cc			*	*	*					*	*		?	*		
Arca tetragona Poli	rr	*		*	*						*	*		*	*	*	
— lactea Linn	rr	*	*	*					*		*	*	*		*	*	
— Fouquei nov. sp	ccc																
Plesiarca pectunculoides Scacchi	ccc		*			*					*	*		*	*		
Pectunculus Oructæ nov. sp	ccc																
Limopsis anomala Eichw	ccc	*	*	*	*						*	*					

	San Pedro de Alcantara	Miocène — Moyen	Miocène — Supérieur	Plioc. médit. — Inférieur	Plioc. médit. — Moyen	Supérieur — Sicile	Supérieur — Calabre	Supérieur — Cos	Supérieur — Chypre	Supérieur — Rhodes	Plioc. du Nord — Inférieur	Plioc. du Nord — Moyen	Quaternaire	Vivantes — Méditerranée	Vivantes — Atlantique Nord	Vivantes — Atlantique Sud	Océan Indien
Leda consanguinea Bell.	r			*													
— Bellardii nov. sp.	ccc																
— Heberti nov. sp.	cc																
Yoldia Genei Bell.	rr	*															
Cardium multicostatum Brocc.	r	*	*	*	*						*						
— Munieri nov. sp.	r																
Lucina borealis Linn.	r	*	*	*	*	*					*	*		*	*		
Gonilia bipartita Philippi.	ccc					*					*			*			
Cryptodon sinuosum Donovan.	r			?							*			?	*	?	
Montacuta bidentata Montagu.	rr							*			*	*		*	*		
— donacina Wood.	rr										*			*	*		
Kellyella abyssicola Sars.	rr		*	?	?		*							*	*		
Astarte triangularis Montagu.	rr		*	*							*	*	*	*	*	*	
Turquetia fragilis Ch. Vélain.	rr										*						*
Crassatella tenuistria? Nyst.	c										*						
Pecchiolia argentea Mariti.	r		*	*													
Cardita corbis Philippi.	cc		?			*					*	*		*	*	*	
Verticordia cardiiformis Wood.	rr					?					*						
Venus ovata Pennant.	ccc	*	*	*	*	*	*				*	*	*	*	*	*	
— plicata Gmelin.	r	*	*	*	*												
Tellina balaustina Linn.	r			*		*					*			*	*	*	
Syndosmya alba Wood.	ccc			*							*	*	*	*	*	*	
Corbula gibba Olivi.	ccc	*	*	*	*	*		*	*		*		*	*	*		
Corbula? hispanica nov. sp.	r																
Saxicava arctica Linn.	cc	*	*	*	*	*					*	*		*	*	*	
Digitaria digitaria Linn.	ccc	?				*					*	*	*	*	*	*	
Poromya granulata Nyst et Westendorp.	cc					*					*			*	*	*	
Terebratula Philippii Seg.	r										*						

A cette liste nous ajouterons, pour mémoire, deux espèces de *Lunulites* très communes et une espèce de *Flabellum* assez abondante. mais dont les exemplaires sont très mal conservés.

M. Schlumberger, qui a bien voulu se charger de la détermination de nos foraminifères, y a reconnu 29 espèces dont nous don-
nons la liste plus loin (voir *Paléontologie*). Mais l'étude des foraminifères ne peut être d'un grand secours dans la détermination
de l'âge des gisements, par suite du peu de confiance qu'on peut
avoir dans les déterminations spécifiques des anciens auteurs.

Enfin, dans ces sables de San Pedro de Alcantara, les *Litho-
tamnium* sont très abondants.

Si l'on se reporte au tableau précédent (voir p. 242), on voit
que, dans ce gisement, sur cinquante-huit espèces de mollusques,
il y en a dix de nouvelles et deux qui n'ont été rencontrées que
dans l'océan Indien.

Les quarante-six autres espèces sont connues et peuvent se
grouper de la manière suivante. Douze ne semblent pas dépasser
le pliocène supérieur :

> *Marginella auris leporis* Brocc.
> *Trochus patulus* var. β Brocc.
> *Rimula capuliformis* Pecchioli.
> *Dentalium delphinense* Font.
> *Ostrea lamellosa* var. *Cortesiana* Cocconi.
> *Limea strigilata* Brocc.
> *Leda consanguinea* Bell.
> *Yoldia Genei* Bell.
> *Crassatella tenuistria* Nyst.
> *Pecchiolia argentea* Mariti.
> *Verticordia cardiiformis* Wood.
> *Venus plicata* Gmelin.

Parmi ces dernières se trouvent une espèce douteuse, *Crassatella tenuistria* Nyst, et trois autres, *Dentalium delphinense* Font.,
Leda consanguinea Bell. et *Yoldia Genei* Bell., encore peu connues
et qui se rapprochent assez d'autres types pour qu'il puisse y avoir
eu confusion avec ces derniers; leur extension est donc peut-être
plus grande qu'il ne semble. Quoi qu'il en soit à cet égard, les
huit autres espèces sont franchement fossiles; elles ne dépassent

pas le pliocène inférieur, sauf le *Verticordia cardiiformis* Wood, qui a peut-être été trouvé dans le pliocène supérieur de Sicile.

Les trente-quatre espèces qui restent sont vivantes, mais toutes ont été déjà recueillies dans les dépôts pliocènes. Il y en a sept qui semblent habiter de préférence l'océan Atlantique :

> *Trochus magus* Lamk.
> *Pecten similis* Laskey.
> *Pecten opercularis* Linn.
> *Lima subauriculata* Montagu.
> *Modiola phaseolina* Philippi (rare dans la Méditerranée).
> *Arca lactea* Linn.
> *Cryptodon sinuosum* Donovan (douteux dans la Méditerranée).

Trois autres ne se rencontrent plus que dans la Méditerranée :

> *Vermetus intortus* Bronn.
> *Gonilia bipartita* Philippi.
> *Corbula gibba* Olivi.

Cette prédominance de la faune de l'Atlantique sur celle de la Méditerranée nous paraît tout particulièrement intéressante.

D'après les dragages qui ont été exécutés durant ces dernières années tant dans la Méditerranée que dans l'Atlantique, le gisement de San Pedro comprendrait quinze espèces de mer profonde, c'est-à-dire, d'après les conventions le plus généralement admises, vivant à une profondeur de plus de 500 mètres :

> *Cleodora pyramidata* Linn.
> *Calyptræa chinensis* Linn.
> *Pecten fenestratus* Forbes.
> *Lima subauriculata* Montagu.
> *Arca tetragona* Poli.
> *Arca lactea* Linn.
> *Plesiarca pectunculoides* Scac.
> *Lucina borealis* Linn.
> *Gonilia bipartita* Philippi.
> *Kellyella abyssicola* M. Sars.
> *Astarte triangularis* Montagu.
> *Venus ovata* Pennant.

Saxicava arctica Linn.
Digitaria digitaria Linn.
Poromya granulata Nyst et Westendorp.

En comparant la liste des espèces vivantes recueillies, d'après M. Hidalgo [1], sur les côtes d'Espagne entre Carthagène et Cadix, avec celle des mollusques rapportés de San Pedro, nous avons relevé dix-huit espèces communes :

    * *Calyptræa chinensis* Linn.
    • *Trochus magus* Linn.
     Tectura virginea Muller.
     Dentalium entale var. *tarentinum* Lamk.
    • *Pecten similis* Laskey.
    • *Pecten opercularis* Linn.
  • * *Lima subauriculata* Montagu.
    * *Arca tetragona* Poli.
  • * *Arca lactea* Linn.
    * *Plesiarca pectunculoides* Scac.
    * *Lucina borealis* Linn.
    * *Astarte triangularis* Montagu.
    * *Venus ovata* Pennant.
     Tellina balaustina Linn.
     Syndosmya alba Wood.
     Corbula gibba Olivi.
    * *Saxicava arctica* Linn.
    * *Digitaria digitaria* Linn.

Parmi ces dix-huit espèces, il y en a dix (celles marquées d'un *) qui sont de mer profonde et cinq (celles marquées d'un •) qui habitent de préférence l'Atlantique. Il y a donc entre la faune actuelle des côtes de l'Andalousie et celle de San Pedro de très grandes analogies. Par suite, il est permis d'admettre qu'à l'époque pliocène les conditions biologiques étaient les mêmes que celles que nous observons aujourd'hui dans cette région et qu'il y avait déjà communication entre la Méditerranée et l'Atlantique lorsque se sont déposés les sables de San Pedro.

[1] *Journal de conchyliologie*, t. V.

Ce mélange d'espèces pliocènes et d'espèces de mers profondes a été reconnu depuis longtemps par Philippi dans les environs de Palerme. Le marquis de Montcrosato a repris l'étude de ces dépôts et en particulier des gisements de Monte Pellegrino et de Ficarazzi. Il a donné une liste plus complète des espèces qu'on y rencontre. Nous y avons reconnu vingt et une espèces communes à la Sicile et à l'Andalousie :

> * *Cleodora pyramidata* Linn.
> *Cerithium scabrum* Olivi.
> *Vermetus intortus* Bronn.
> * *Calyptræa chinensis* Linn.
> *Trochus magus* Linn.
> *Tectura virginea* Muller.
> *Pecten similis* Laskey.
> * *Pecten fenestratus* Forbes.
> *Pecten opercularis* Linn.
> * *Lima subauriculata* Montagu.
> *Modiola phaseolina* Philippi.
> * *Plesiarca pectunculoides* Scac.
> * *Lucina borealis* Linn.
> * *Gonilia bipartita* Philippi.
> *Cardita corbis* Philippi.
> * *Venus ovata* Pennant.
> *Tellina balaustina* Linn.
> *Corbula gibba* Olivi.
> * *Saxicava arctica* Linn.
> * *Digitaria digitaria* Linn.
> * *Poromya granulata* Nyst et Westendorp.

Les espèces marquées du signe * sont celles de mer profonde ; elles sont au nombre de onze. Ce fait est important à noter, car il montre que les dépôts de San Pedro de Alcantara et des environs de Palerme ont dû s'effectuer dans les mêmes conditions. Mais en Sicile la proportion des espèces éteintes et émigrées est de 18 p. 100, tandis qu'à San Pedro cette proportion atteint 42 p. 100.

A Tarente, où des dépôts de même nature ont été étudiés par Philippi et par M. Kobelt, la proportion est à peine de 3 p. 100 ;

a Cos, elle est de 8 p. 100; à Chypre, suivant les gisements, elle varie de 9 à 17 p. 100; à Rhodes, elle atteint 17 p. 100[1]. Dans cette dernière localité, qui est la plus éloignée de l'Andalousie, se retrouvent encore dix-neuf des espèces de San Pedro, parmi lesquelles dix sont caractéristiques des mers profondes.

Il semble donc qu'il y ait eu, à cette époque, uniformité dans les conditions de dépôt, depuis le détroit de Gibraltar jusqu'à l'extrémité orientale de la Méditerranée.

On a beaucoup discuté sur l'âge de ces sédiments. A Palerme. on les verrait reposant sur les deux niveaux de l'astien. Le grand nombre de formes vivant actuellement dans la Méditerranée aurait. pu faire ranger ces dépôts dans le quarternaire; mais comme, d'autre part, la faune pliocène y est encore très abondante, on en a fait du pliocène supérieur. La présence de nombreuses espèces provenant du niveau inférieur, rencontrées à San Pedro, tendrait à vieillir les dépôts des environs de Marbella, qui d'ailleurs reposent sur des grès nummulitiques sans intercalation d'aucun autre sédiment. Il semble donc plus rationnel d'admettre qu'à San Pedro de Alcantara on a affaire à un facies de mer profonde correspondant aux étages inférieur et moyen qui se voient à Malaga, tandis que plus à l'est il représenterait la partie supérieure du pliocène. Dans ce cas, il faudrait admettre que le fond de la Méditerranée a subi progressivement un affaissement de l'ouest à l'est, durant toute la période pliocène; c'est d'ailleurs une hypothèse déjà émise par MM. Tournouër et Fischer.

Quel que soit l'âge de ces dépôts, il reste à expliquer le mélange des faunes. Ce que l'on sait de l'habitat des différents organismes animaux semble indiquer que ce sont les conditions de température, plus que de profondeur, qui président à la distribution des espèces : celles-ci ne descendent que pour trouver des eaux moins chaudes. Dès lors, l'apparition d'espèces de mer profonde ou d'eau froide, au milieu d'une faune vivant d'ordinaire à une température relative-

---

[1] P. Fischer, *Paléontologie des terrains tertiaires de l'île de Rhodes* (*Mémoires de la Société géologique,* 3ᵉ série, t. I, 2ᵉ partie, p. 41).

ment élevée, ne peut s'expliquer que par un mélange mécanique, c'est-à-dire par un apport dû à un courant sous-marin.

La prédominance, dans le gisement de San Pedro, d'espèces vivant actuellement dans l'Atlantique, et le très grand nombre de ces dernières dans les autres gisements déjà cités sembleraient indiquer l'existence d'un courant sous-marin venant de l'Océan.

Le courant qui vient actuellement de l'Atlantique dans la Méditerranée se faisant à peine sentir au delà des côtes de l'Andalousie et du Maroc, il faut admettre qu'à l'époque pliocène il était beaucoup plus puissant. Les accidents géologiques que l'on observe dans la région de Gibraltar expliquent d'ailleurs dans quelles circonstances un pareil courant aura pu se produire.

En effet, le long des côtes d'Algérie, les sondages accusent une augmentation brusque de profondeur; celle-ci passe, sans transition, de 50 à 400 mètres et plus. En traçant une ligne qui longe ces côtes et en la prolongeant vers le N. O., on reconnaît qu'elle limite la côte nord de la Sicile et passe par Tarente. Entre la Sicile et l'Italie elle rencontre les principaux centres éruptifs de cette région. C'est encore parallèlement à cette direction que sont alignés les différents terrains de la partie septentrionale de l'Algérie [1]. On peut donc la considérer comme étant la direction d'une ligne de fracture. De plus, la plupart des gisements pliocènes du bassin occidental de la Méditerranée, caractérisés par un mélange de faunes, sont alignés suivant cette direction et la jalonnent.

D'autre part, les sondages indiquent une dépression passant par le détroit de Gibraltar et longeant la côte de l'Andalousie; elle est parallèle aux côtes de l'Algérie. Enfin la sierra Blanca, qui limite au sud la serrania de Ronda, est également parallèle à cette direction. Il semble donc que l'on ait affaire dans toute cette région à un système de failles parallèles. Ce sont ces failles qui ont dû jouer lors de la période pliocène. Les dislocations qui ont eu lieu alors ont amené un abaissement du seuil de Gibraltar, ce qui a permis aux

---

[1] Suess, *Das Antlitz der Erde*, p. 296.

eaux de l'Océan d'entrer plus facilement dans la Méditerranée. Par suite de cette augmentation de profondeur du détroit, il a dû se produire des courants violents qui entraînaient vers l'est les espèces de l'Atlantique et même celles qui avaient été entraînées déjà dans cet océan par des courants venant des régions polaires. C'est ainsi que peut s'expliquer la présence de certaines espèces boréales jusque dans les dépôts pliocènes du bassin oriental de la Méditerranée.

Les lambeaux pliocènes que l'on rencontre soit en Espagne, soit en Sicile, montrent que la direction suivie par ces courants était bien la même que celle des failles que nous avons signalées plus haut. Ces dépôts n'ont été portés à leur altitude actuelle de plus de 100 mètres au-dessus de la mer qu'à la fin de l'époque pliocène. Pendant la période quaternaire, cette partie occidentale de la Méditerranée a subi une série d'oscillations dont le résultat final a été de donner au détroit de Gibraltar sa configuration actuelle.

Les phénomènes éruptifs ont modifié à un tel point le relief sous-marin du bassin oriental de la Méditerranée, qu'il est impossible de faire aucune hypothèse sur la marche des courants dans cette région, bien que les dépôts pliocènes de Cos, Chypre et Rhodes aient dû s'effectuer dans les mêmes conditions que ceux du bassin occidental de la Méditerranée.

QUATRIÈME PARTIE.

PALÉONTOLOGIE.

Nous n'avons pas la prétention de faire ici une étude paléontologique approfondie des différentes espèces de fossiles pliocènes
recueillis par nous dans les environs de Malaga et de San Pedro
de Alcantara ; mais nous avons pensé qu'il pourrait être utile de
publier quelques remarques que notre travail de détermination
nous a permis de faire.

Pour éviter d'allonger le présent mémoire, nous ne citons que
les diagnoses d'espèces ou de genres peu connus, nous ne don-
nons également qu'une courte synonymie, suffisante pour bien
préciser le type auquel nous avons eu affaire ; mais nous avons eu
le soin de toujours renvoyer aux ouvrages où l'on pourra trouver
la synonymie complète et la diagnose de chaque espèce.

Nous indiquons le plus souvent quel est le type auquel nous
rapportons nos exemplaires, c'est-à-dire la figure dont ils se rapprochent le plus. Au cas où l'on voudrait comparer entre elles les différentes formes d'une même espèce, on saurait quelles sont celles
qui se rencontrent en Andalousie.

Les rapports qui existent entre les faunes miocène et pliocène,
d'une part, ainsi qu'entre les faunes pliocène et actuelle, d'autre
part, présentant un grand intérêt, nous avons cherché à donner tous
les niveaux géologiques, ainsi que toutes les localités où ont été
trouvées les espèces fossiles ou vivantes. Bien souvent nous n'avons
trouvé, comme renseignements, dans les ouvrages consultés [1] que
des citations de localités et non d'étages ; nous avons dû recher-

[1] Ce sont, pour la plupart, les ouvrages auxquels nous renvoyons pour la synonymie.

cher alors à quel niveau géologique, dans la localité indiquée, se trouvait l'espèce en question. Nos recherches ont été assez difficiles ; et bien souvent, crainte d'erreurs, nous nous sommes abstenus de reproduire ces citations.

Parmi les exemplaires que nous avons rapportés, il y en a plusieurs appartenant à des espèces ou à des genres, fossiles aussi bien que vivants, qui sont peu connus ; leurs faibles dimensions compliquaient encore notre travail. MM. Munier-Chalmas et P. Fischer ont bien voulu nous guider dans les longues recherches que nous avons dû faire pour arriver à la détermination de ces espèces douteuses ; nous tenons à leur en exprimer ici toute notre gratitude.

FOSSILES PLIOCÈNES

DE LOS TEJARES, PRÈS MALAGA.

VERTÉBRÉS.

Nous ne pouvons mieux faire que de reproduire ici les renseignements que M. Bassani, le savant professeur de Naples, nous a envoyés sur les espèces de poissons dont nous lui avions communiqué des dents.

Les espèces bien déterminables sont les suivantes :

Lamna cuspidata Ag.

Espèce très commune dans le miocène moyen.

Sphyrna prisca Ag.

Fréquent dans le miocène moyen.

Oxyrhina crassa Ag.

Cité par Agassiz dans les dépôts tertiaires de la vallée du Rhin.

Oxyrhina plicatilis Ag.

Espèce du calcaire de Castell' Arquato.

Otodus cf. Lawlegi Bass.

Rencontré dans le miocène de la Vénétie, dans l'helvétien de la Sardaigne et dans les faluns de la Bretagne.

INVERTÉBRÉS.

GASTÉROPODES.

Genre CONUS.

Conus Brocchii Bronn. — Pl. XXI, fig. 1 *a*, *b*.

1831. *Conus Brocchii* Bronn, *Italiens tertiär Gebilde und der organische Einschlüsse,* p. 12, n° 7.

Synonymie et diagnose : Nyst, *Coquilles et polypiers fossiles de Belgique,* p. 585.

Bronn a distingué cette espèce du *Conus deperditus* Bruguière, auquel Brocchi le rapportait (*Conch. foss. subap.,* t. II, p. 292, n° 10, pl. III, fig. 2) ; c'est Nyst qui le premier l'a figurée sous son nom définitif de *Conus Brocchii* (*op. cit.,* p. 585, pl. XLIII, fig. 17). Il en donne une excellente description, mais la figure n'est pas tout à fait exacte ; la gouttière, qui est très accusée chez les individus jeunes, est à peine marquée sur le dessin. C'est pour cela que nous avons cru devoir représenter de nouveau le *Conus Brocchii.*

Il semblerait, d'après la figure donnée par M. Fontannes (*Les Mollusques pliocènes de la vallée du Rhône et du Roussillon,* t. I, pl. VIII, fig. 8, p. 149), que la gouttière diminue de profondeur avec l'âge, car celle-ci est peu marquée dans les exemplaires de grande taille, surtout dans les derniers tours de spire.

Dimensions : longueur, 34 millim. ; largeur, 18 millim.

Gisements. — Cette espèce apparaîtrait, d'après Seguenza (*Form.*

térz. Reggio), dans l'aquitanien, et passerait dans l'helvétien et le tortonien d'après Foresti (*Catalogo dei Molluschi fossili pliocenici delle colline Bolognesi*). D'après Nyst, on la trouverait à Vliermael (rare) et au Bolderberg près de Hasselt, dans le crag de Belgique. En Italie, on la rencontre, d'après Brocchi, Cocconi et Foresti, dans tout le pliocène inférieur et moyen des environs d'Asti et de Bologne. On ne peut accorder aux indications précédentes qu'une importance relative, car plusieurs auteurs ont assimilé le *Conus Brocchii* au *Conus Dujardini* Desh., bien que ce soient deux espèces distinctes. M. Fontannes a trouvé le *Conus Brocchii*, mais très rare, dans les argiles sableuses des environs de Perpignan et dans les marnes à *Cer. vulgatum* de Saint-Ariès, près Bollène (Vaucluse). Cette espèce serait également très rare dans les marnes bleues pliocènes de Biot, d'après Depontaillier. Nous n'en avons trouvé que deux exemplaires, bien conservés d'ailleurs, et dont les dimensions se rapprochent beaucoup de celles des exemplaires de Nyst et de Brocchi.

Conus antidiluvianus Bruguière.

Conus antidiluvianus Bruguière, *Comm. Bonon.*, II, pars II, p. 296, fig. 1 (d'après Brocchi).

1792. *Conus antidiluvianus* Bruguière, *Encyclop. méthod., Hist. nat. des Vers*, t. I, p. 637, pl. 347, fig. 6 (d'après Hörnes).

Synonymie et diagnose : Hörnes, *Wien. tert. Beck.*, t. I, p. 38. Ce nom a été donné à des coquilles qu'il faut rapporter à des espèces distinctes les unes des autres; aussi croyons-nous utile d'indiquer que notre exemplaire est conforme à la figure et à la description données par Brocchi (*Conch. foss. subap.*, pl. II, fig. 2, p. 291). La seule différence qu'il présente avec l'exemplaire figuré et décrit par Hörnes (*op. cit.*, pl. V, fig. 2) consiste dans la présence d'un bourrelet plus marqué, dans notre exemplaire, sur le bord inférieur externe de la bouche. D'après Brocchi, l'espèce a été créée par Bruguière sur un mauvais exemplaire ; cet auteur en aurait donné une mauvaise figure et une bonne description. C'est donc à la figure donnée par Brocchi qu'il faut se reporter pour avoir le type de l'espèce.

Dimensions : longueur, 64 millim. ; largeur, 25 millim.

Gisements. — Étant donné le grand nombre d'espèces qui ont été confondues sous le nom de *Conus antidiluvianus,* il est bien difficile d'admettre que les localités citées par les différents auteurs aient toutes présenté les exemplaires conformes au type figuré par Brocchi. C'est donc sous toutes réserves que nous indiquons les étages dans lesquels cette espèce a été trouvée. Seguenza la signale dans l'aquitanien ; d'après Hörnes, Michelotti l'aurait trouvée dans l'argile bleue de Tortone ; Grateloup l'aurait rencontrée à Saubrigues près Dax. Cette espèce a fait sûrement son apparition dans le bassin méditerranéen à la fin du miocène. Cependant elle est plutôt pliocène ; Brocchi la cite dans les Crete Sanesi, dans les environs de Bologne et de Plaisance ; Ponzi la signale dans le niveau inférieur de Monte Mario. D'après Depontaillier, le *Conus antidiluvianus* serait très commun à Biot dans les marnes bleues du pliocène inférieur, et très rare à Cannes dans les sables jaunes du pliocène moyen.

Cette espèce n'a pas encore été citée dans les gisements pliocènes des régions septentrionales de l'Europe ; elle n'a pas été non plus trouvée parmi les coquilles vivantes. Il semble donc probable que le *Conus antidiluvianus* est cantonné dans les étages inférieurs du terrain pliocène de la Méditerranée.

GENRE PLEUROTOMA.

Pleurotoma rotata Brocchi.

1814. *Murex (Pleurotoma) rotatus* Brocchi, *Conch. foss. subap.,* p. 434, pl. IX, fig. 2.
1821. *Pleurotoma rotata* Borson, *Oritt. piem.,* part. II, p. 77.

Synonymie et diagnose : Bellardi, *I Molluschi dei terreni ter-*

ziarii, t. II, p. 13.—Fontannes, *Les Mollusques pliocènes de la vallée du Rhône et du Roussillon*, t. I, p. 40.

Cette espèce présente un très grand nombre de variétés au dire de Bellardi, qui pense que l'on peut les grouper autour de six types principaux, distincts du vrai type du *Pleurotoma rotata*. La plus ancienne variété apparaîtrait dès le miocène moyen et aucune ne dépasserait le pliocène inférieur. Ces variétés, d'ailleurs, présente-raient des caractères assez constants pour qu'on puisse reconnaître à chacune d'elles un âge bien défini. Nos exemplaires sont con-formes au type du *Pleurotoma rotata* figuré par Bellardi (*op. cit.*, t. II, pl. I, fig. 2, p. 13), ainsi qu'à l'exemplaire figuré par M. Fon-tannes (*op. cit.*, t. I, pl. IV, fig. 5, p. 40).

Dimensions : longueur, 32 millim.; largeur, 12 millim.

Gisements. — Bellardi prétend que le vrai type de l'espèce en question se rencontre déjà dans le miocène moyen de Turin et dans le miocène supérieur de Stazzano et de Santa Agata. Mais, par son abondance, il caractériserait, dans la région méditerranéenne, les dépôts argileux de la base du pliocène. Cocconi cite également cette espèce dans le miocène et le pliocène. Foresti l'a trouvée dans les deux niveaux pliocènes des environs de Bologne. Elle a été signalée par Depontaillier comme très commune dans les marnes bleues du pliocène inférieur de Biot et comme très rare dans les sables jaunes du pliocène moyen de Cannes; par Brocchi dans la province de Plaisance, dans les Crete Sanesi et en Piémont; enfin par M. Fontannes comme très rare dans les argiles à *Pecten Comitatus* de Bourg-Saint-Andéol (Ardèche).

Cette espèce ne paraît pas se trouver dans les dépôts pliocènes du nord de l'Europe.

Pleurotoma turricula Brocchi.

1814. *Murex turricula* Brocchi, *Conch. foss. subap.*, p. 435, pl. IX, fig. 20.
1826. *Pleurotoma turricula* Defrance, *Dict. sc. nat.*, vol. XLI, p. 390.

Synonymie et diagnose : Nyst, *op. cit.*, p. 520. — Bellardi, *op. cit.*, t. II, p. 39. — Pereira da Costa, *Gastéropodes des dépôts tertiaires du Portugal*, p. 230. — Fontannes, *op. cit.*, t. I, p. 41.

Les nombreux exemplaires que nous avons rapportés de Malaga sont conformes au type figuré et décrit par Bellardi (*op. cit.*, pl. I, fig. 25); ils sont de petite taille et se rapprochent de l'exemplaire représenté par Hörnes (*Wien. tert. Beck.*, t. I, pl. XXXVIII, fig. 1, p. 520); cependant cette dernière coquille porte des granulations bien plus marquées qu'elles ne le sont dans nos exemplaires.

Dimensions : longueur, 38 millim. ; largeur, 13 millim.

Gisements. — D'après Hörnes et Foresti, on trouverait cette espèce : dans le miocène moyen, à Saint-Gall en Suisse, à Turin ; dans le miocène supérieur, à Baden, où elle serait très fréquente, à Tortone. Pereira da Costa (*op. cit.*, p. 230) la cite à Cacella en Portugal à ce même niveau. C'est une espèce qui se rencontre surtout dans le pliocène. D'après Bellardi (*op. cit.*), le type appartient aux deux niveaux inférieurs du pliocène. En Piémont et en Ligurie, elle est localisée dans le pliocène ; c'est aussi le cas pour le sud-est de la France, comme le fait remarquer M. Fontannes. Les localités où on la rencontre dans les dépôts pliocènes sont les suivantes : en Italie, dans les collines de Sienne, les environs d'Asti, à Castell' Arquato (Cocconi), à Bucheri et Sortino en Sicile ; à Biot, elle est très commune dans le pliocène inférieur ; à Cannes, elle est commune dans le pliocène moyen, d'après Depontaillier ; on la rencontre également dans les argiles sableuses des vallées du Tech et de la Tet (Pyrénées-Orientales), d'après M. Fontannes. Cette espèce a été trouvée dans les dépôts pliocènes du nord de l'Europe. Nyst la cite (*op. cit.*, p. 250) à Anvers, au Bolderberg ; Wood (*op. cit.*, p. 53) dans le *red crag* de Sutton et de Bawdsey.

D'après Hörnes, le *Pleurotoma turricula* vivrait encore dans les mers arctiques, sur les côtes du Groenland et du nord de l'Europe. Weinkauff (*Mittelsmeere*, t. II, p. 121) l'indique comme vivant également dans la Méditerranée ; mais nous ne pouvons guère nous rapporter à son dire, car il assimile l'espèce en question au *Pleu-*

rotoma crispata Jan. Il y a donc quelque doute sur l'existence du *Pleurotoma turricula* dans la Méditerranée.

Pleurotoma (Surcula) dimidiata Brocchi.

1814. *Murex dimidiatus* Brocchi, *Conch. foss. subap.*, p. 431, pl. VIII, fig. 18.
1821. *Pleurotoma dimidiata* Borson, *Oritt. piem.*, part. II, p. 78.

Synonymie et diagnose : Hörnes, *Wien. tert. Beck.*, t. I, p. 360. — Bellardi, *op. cit.*, t. II, p. 58. — Fontannes, *op. cit.*, t. I, p. 44.

Les stries longitudinales de nos exemplaires sont plus nombreuses et plus fines que celles de l'individu figuré par M. Fontannes (*op. cit.*, t. I, p. 44, pl. IV, fig. 8); nos exemplaires se rapportent bien à la troisième variété de cette espèce citée par Bellardi (*op. cit.*, t. II, p. 58) et qui appartient au pliocène inférieur.

Dimensions : 36 millim. ; largeur, 13 millim.

Gisements. — D'après Hörnes (*op. cit.*, p. 360), cette espèce se rencontrerait dans le miocène supérieur du bassin de Vienne, où elle serait fréquente, ainsi qu'à Saubrigues. Mais c'est surtout dans les dépôts pliocènes qu'elle est commune; Hörnes la cite à Monte Pulciano, en Toscane; à Cutro, en Calabre; à Reggio, à Sienne, à Martignone, à Bologne. D'après Bellardi (*op. cit.*, p. 60), le *Pleurotoma dimidiata* se voit dans le pliocène inférieur de Castelnuovo, près d'Asti; à Viale, près Montafia; à Vezza, près Alba; à Monte Capriolo, près Bra; à Borzoli, près Sestri; à Savone, à Vintimiglia où il serait très commun; il serait, au contraire, rare dans le pliocène moyen de Volpedo, près Voghera. D'après Cocconi (*Enum. sistem.*, p. 54), ce fossile se rencontrerait dans tous les dépôts pliocènes des provinces de Parme et de Plaisance. Ponzi le cite dans le niveau inférieur de Monte Mario. Il est commun dans le pliocène inférieur de Biot et dans le pliocène moyen de Cannes (Depontaillier) ; M. Fontannes l'a signalé dans les marnes à *Cer. vulgatum* de Bollène (Vaucluse), dans les argiles à *Pecten Comitatus* de Bouchet (Drôme) et dans les argiles sableuses de Millas (Pyrénées-Orientales). Nyst et Wood ne le signalent pas dans les dépôts pliocènes de l'Europe septentrionale.

Pleurotoma (Drillia) Allionii Bellardi.

1877. *Drillia Allionii* Bellardi, *I Molluschi dei terreni terziarii*, t. II, p. 91, pl. III, fig. 17.

Synonymie et diagnose : Bellardi, *op. cit.*, p. 91. — Fontannes, *op. cit.*, t. I, p. 45.

Nos plus grands exemplaires sont dans un très mauvais état; leurs caractères sont cependant assez visibles pour qu'il n'y ait pas de doute possible sur le nom spécifique à leur attribuer. D'ailleurs, nos exemplaires jeunes, qui sont bien conservés, présentent tous les caractères des types figurés par Bellardi et par M. Fontannes (*op. cit.*, pl. IV, fig. 9, p. 45); les côtes longitudinales sont plus accusées dans nos exemplaires que dans celui figuré par ce dernier auteur.

On ne peut tenir compte des dimensions de nos plus grands exemplaires, vu le mauvais état dans lequel ils se trouvent.

Gisements. — D'après M. Fontannes, cette espèce apparaîtrait dans le miocène moyen du Bordelais au milieu des marnes à *Cardita Jouanneti;* de même, dans le bassin de Vienne. Bellardi la cite, mais rare, dans le miocène supérieur de Tortone et de Stazzano. Dès le début du pliocène, cette espèce acquiert un très grand développement numérique. Bellardi la cite dans le pliocène inférieur de Castelnuovo, d'Asti, de Vezza près Alba, etc. En France, Depontaillier la cite comme très commune à Biot; par contre, M. Fontannes (*op. cit.*, p. 45) signale son absence dans le Roussillon; elle est encore assez rare dans le bassin du Rhône : on ne l'a rencontrée que dans les marnes et faluns à *Cer. vulgatum* des environs de Bollène (Vaucluse) et dans les argiles à *Pecten Comitatus* de Bouchet (Drôme) et de Bourg-Saint-Andéol (Ardèche).

Pleurotoma (Dolichotoma) cataphracta Brocchi.

1814. *Murex (Pleurotoma) cataphractus* Brocchi, *Conch. foss. subap.*, p. 427,
  pl. VIII, fig. 16.
1821. *Pleurotoma cataphracta* Bors., *Oritt. piem.*, t. II, p. 76.

Synonymie et diagnose : Bellardi, *op. cit.*, t. II, p. 230. —
Hörnes, *op. cit.*, t. I, p. 379. — Pereira da Costa, *Gastéropodes
des dépôts tertiaires du Portugal*, p. 214. — Fontannes, *Les Mollusques pliocènes*, etc., p. 259.

Les nombreux exemplaires provenant de Malaga sont conformes
à la figure 20 *b* de la planche VII de l'ouvrage de Bellardi. Les stries
longitudinales correspondent mieux à celles de la figure 20 *c*, mais
les tubercules sont beaucoup plus saillants que dans cette dernière
espèce; aussi est-ce à la figure 20 *b* que nous croyons devoir rapporter nos exemplaires. C'est la même espèce que celle figurée
sous ce nom par M. Fontannes (*op. cit.*, pl. XII, fig. 32-33,
p. 259).

Le *Pleurotoma cataphracta* varie beaucoup avec les étages dans
lesquels on le trouve, mais certaines formes sont caractéristiques
de certains étages. D'après les descriptions, nos exemplaires sont
conformes au type pliocène.

Dimensions : longueur, 55 millim.; largeur, 22 millim.

Gisements. — On rencontrerait cette espèce dès le miocène inférieur à Dego, Carcare, Cassinelle où elle n'est pas rare, au dire
de Bellardi (*op. cit.*, p. 233). Cocconi la cite également dans cet
étage. Bellardi la dit commune dans le miocène moyen de Turin.
C'est à ce même niveau que Dujardin l'aurait trouvée en Touraine. Le miocène supérieur d'Italie, d'après Cocconi, de Cacella
(Portugal), d'après Pereira da Costa, et du bassin de Vienne,
d'après Hörnes, en fournirait de nombreux exemplaires. Bellardi
a reconnu cette espèce dans le pliocène inférieur de Castelnuovo,
d'Asti, au Pino d'Asti, à Vezza près Alba, et en beaucoup d'autres
localités; Depontaillier la cite à Biot, où elle serait très commune;

elle serait assez commune dans les environs de Perpignan, d'après M. Fontannes. Elle se retrouve encore dans le pliocène moyen de Volpedo près Voghera, de Masserano, mais rare au dire de Bellardi. Brocchi et Cocconi la citent dans tout le pliocène. Foresti l'a rencontrée dans les deux niveaux inférieurs du pliocène des environs de Bologne.

Philippi signale le *Pleurotoma cataphracta* comme vivant encore sur les côtes de la Méditerranée et notamment en Sicile. D'après Hörnes, Reeve aurait rencontré cette espèce vivante dans l'Inde occidentale.

Pleurotoma (Pseudotoma) intorta Brocchi.

1814. *Murex (Pleurotoma) intortus* Brocchi, *Conch. foss. subap.*, p. 427, pl. VIII, fig. 17.
1821. *Pleurotoma intorta* Bors., *Oritt. piem.*, t. II, p. 76.

Synonymie et diagnose : Nyst, *op. cit.*, p. 509. — Wood, *Crag Mollusca. Palæontological Soc.*, t. 1, p. 53. — Hörnes, *op. cit.*, p. 331. — Bellardi, *op. cit.*, p. 214.

Nous n'avons pu recueillir qu'un exemplaire de cette espèce, et il est mal conservé. Il a été roulé et son sommet a perdu ses ornements; mais ceux-ci se voient encore très distinctement sur le reste de la coquille.

Dimensions : longueur, 38 millim. ; largeur, 16 millim.

Gisements. — D'après Hörnes, cette espèce apparaît dans le miocène moyen; on la trouverait à ce niveau en France, à Léognan, à Saucats, à Dax; en Italie, à la Superga. Cocconi la cite dans le miocène supérieur. Mais son maximum de développement correspond à l'époque pliocène. Bellardi la signale comme abondante dans le pliocène inférieur des environs d'Asti; d'après Foresti et Cocconi, elle se rencontre dans les deux niveaux inférieurs du pliocène. M. Depéret la cite à Millas (Pyrénées-Orientales) ; Wood dans le crag de Sutton, et Nyst à Struyvenberg près Anvers.

Genre MITRA.

Mitra scrobiculata Brocchi.

1814. *Voluta scrobiculata* Brocchi, *Conch. foss. subap.*, p. 317, pl. IV, fig. 3.
1830. *Mitra scrobiculata* Deshayes, *Encyclopédie méthodique, Vers*, t. II, p. 468.

Synonymie et diagnose : Hörnes, *Wien. tert. Beck.*, p. 100. — Pereira da Costa, *op. cit.*, p. 68. — Fontannes, *op. cit.*, p. 84.

Les exemplaires recueillis à Malaga se rapportent au type figuré par Brocchi et non à la variété figurée par M. Fontannes (*op. cit.*, pl. VI, fig. 6, p. 84). L'espèce typique est un des fossiles les plus communs du pliocène de la Méditerranée; cependant, d'après M. Fontannes, elle est très rare dans le Roussillon.

Dimensions : longueur, 52 millim.; largeur, 14 millim.

Gisements. — Hörnes cite le *Mitra scrobiculata* dès le miocène moyen, à Carry, ainsi qu'à Dax et dans le Bordelais; mais c'est surtout dans le miocène supérieur qu'on l'a signalé : en France, à Saubrigues; en Italie, à Piacenza, à Tortone; enfin à Baden, où il est rare. Pereira da Costa l'a rencontré dans ce même étage à Praia do Covalinho et à Cacella. Les exemplaires provenant des dépôts miocènes seraient un peu différents du type figuré par Brocchi, type qui, du reste, est caractéristique du pliocène. Cependant la variété miocène se rencontrerait encore, d'après M. Fontannes, dans le pliocène inférieur des duchés de Plaisance et de Parme, du Bolonais, etc. Ce serait celle du Roussillon à laquelle M. Fontannes a cru pouvoir donner le nom de *Mitra scrobiculata Massoti* Font. Brocchi a recueilli le type de l'espèce dans le pliocène inférieur du duché de Plaisance, dans les Crete Sancsi; Cocconi l'a rencontré dans ce même étage à Drolo et à Lugagnano; Depontaillier le dit très commun à Biot dans le pliocène inférieur. Il ne se rencontre pas dans les gisements de l'Europe septentrionale.

Genre FUSUS.

Fusus longiroster Brocchi. — Pl. XXI, fig. 2 *a*, *b*.

1814. *Murex longiroster* Brocchi, *Conch. foss. subap.*, p. 418, pl. VIII, fig. 7.
1820. *Fusus longiroster* Defrance, *Dictionnaire des sciences naturelles*, t. XVIII,
    p. 540.

Synonymie et diagnose : Hörnes, *op. cit*, t. I, p. 293. — Fontannes, *op. cit.*, t. I, p. 14.

Defrance a signalé depuis longtemps la grande variabilité de cette
espèce. M. Fontannes a été à même de la constater en comparant
les exemplaires qu'il avait trouvés dans les environs de Perpignan
à ceux du pliocène d'Italie ou des côtes de Provence. Nous avons
pu également reconnaître des différences très sensibles parmi les
exemplaires que de Verneuil a rapportés de los Tejares, ainsi que
parmi ceux que nous avons trouvés dans cette même localité. Mais
il est important de noter que cette espèce présente ses plus grandes
variations avec l'âge. Hörnes était déjà arrivé à la même conclusion
en comparant des exemplaires provenant du miocène, aussi bien
que du pliocène. D'une manière générale, les tubercules se déve-
loppent dans le sens longitudinal. Ce fait, très sensible dans tous
les exemplaires que nous avons pu étudier, est frappant surtout
dans le plus grand de ceux que nous avons rapportés de Malaga.
C'est pour cela que nous avons cru devoir le faire figurer.

Hörnes a figuré (*op. cit.*, t. I, pl. XXXII, fig. 5, 6, 7) des exemplaires constituant deux variétés dont l'une (fig. 6) se rapproche
beaucoup des formes trouvées généralement dans le pliocène ; mais
les tubercules y sont beaucoup plus allongés, dans le sens trans-
versal, que cela n'a lieu chez ces dernières. Bellardi, dans son ouvrage *I Molluschi dei terreni terziarii del Piemonte e della Liguria*
(parte I, p. 135, pl. X, fig. 6), a pris la forme de *Fusus longiroster*
représentée par Hörnes (fig. 5, *op. cit.*) comme type d'une nouvelle espèce à laquelle il a donné le nom de *Fusus æquistriatus*.
Cette distinction est des mieux fondées : il suffit de comparer les

sommets des deux coquilles pour reconnaître des différences très
sensibles.

Dimensions : les plus grands exemplaires atteignent une longueur
de 105 millim. et une largeur de 35 millim.

Gisements. — D'après Hörnes et Foresti, on rencontrerait cette
espèce dans le miocène moyen de Dax, de Montpellier et du Piémont, et dans le miocène supérieur de Saubrigues, de Tortone et
du bassin de Vienne. C'est dans l'étage pliocène inférieur que
cette espèce présente son maximum de développement. Brocchi la
signale dans le duché de Plaisance et dans les Crete Sanesi ; Hörnes
en signale des exemplaires de Castell'Arquato et de Palerme, sans
indiquer à quel niveau ils ont été trouvés dans cette localité.
Depontaillier la cite comme très commune à Biot dans les argiles
bleues du pliocène inférieur. D'après M. Fontannes, elle serait
rare dans les sables argileux de Millas (Pyrénées-Orientales).

Fusus Puschi Andr.

1830. *Lathira Puschi* Andr. Jejowski, *Notice sur quelques fossiles de Volhynie,*
    Bull. de Moscou, t. II, p. 95, pl. IV, fig. 2.
1856. *Fusus Puschi* Hörnes, *Wien. tert. Beck.,* t. II, p. 282, pl. XXXI, fig. 6.

Synonymie et diagnose : Hörnes, *op. cit.,* p. 282. — Bellardi,
op. cit., p. 196.

Nos exemplaires ont tous les caractères de ceux figurés par
Hörnes ; mais cependant le canal est plus long que dans ces derniers. Il en résulte pour nos exemplaires une forme plus élancée.
L'espèce figurée sous ce nom par Bellardi (*op. cit.,* pl. XIII, fig. 17)
mérite d'être considérée, ainsi que le fait cet auteur, comme une
variété ; peut-être même devrait-on en faire une espèce distincte.

Dimensions : longueur, 54 millim. ; largeur, 24 millim.

Gisements. — Cette espèce, jusqu'ici, n'avait été signalée que
dans le miocène moyen. Hörnes la dit commune à Grund, rare à
Steinabrünn, Gainfahren, etc. Elle a été rencontrée encore dans
cet étage à la Superga.

Genre TRITON.

Triton nodiferum Lamarck.

1814. *Murex gyrinoides* Brocchi, *Conch. foss. subap.*, p. 401, pl. IX, fig. 9.
1822. *Triton nodiferum* Lamarck, *Histoire nat. des animaux sans vertèbres*,
  t. VII, p. 179.

Synonymie et diagnose : Hörnes, *op. cit.*, t. I, p. 201. — Weinkauff, *Mittelsmeere*, t. II, p. 75. — Fontannes, *Les Mollusques pliocènes*, etc., t. I, p. 25.

Le seul exemplaire que nous ayons recueilli à los Tejares est dans un très mauvais état ; la partie apicale présente cependant tous les caractères du *Triton nodiferum*. C'est une espèce dont l'ornementation est assez variable : notre exemplaire porte des tubercules plus forts que ceux des exemplaires provenant du Roussillon ; il se rapprocherait surtout du type figuré par Hörnes (*op. cit.*, pl. XIX, fig. 2).

Cette espèce est citée par tous les auteurs comme étant une de celles qui présentent une très grande taille ; l'état de notre exemplaire ne nous permet pas d'apprécier ses dimensions.

Gisements. — C'est très rarement que l'on rencontre cette espèce dans le miocène moyen. Hörnes la signale à la Superga, en Italie ; à Dax, en France ; Bellardi la cite encore à ce niveau en Italie. Hörnes l'a signalée, mais rare, dans le miocène supérieur du bassin de Vienne. Dans le pliocène, le *Triton nodiferum* prend un tel développement numérique qu'on peut, avec M. Fontannes, le considérer comme caractéristique de ce terrain ; il est signalé par Bellardi et Cocconi dans de nombreux gisements appartenant au pliocène inférieur d'Italie. M. Fontannes l'a trouvé dans les marnes à *Cer. vulgatum* des environs de Bollène (Vaucluse) et de Saint-Restitut (Drôme), mais il y est toujours rare. Par contre, cette espèce est assez commune dans les argiles sableuses de Millas et de Banyuls (Pyrénées-Orientales). D'après Philippi, Seguenza et Monterosato, on la trouverait dans le pliocène supérieur de Sicile et de Tarente; d'après M. Fischer, elle serait rare dans ce même niveau à Rhodes.

Enfin, c'est une espèce qui a persisté jusqu'à nos jours. Weinkauff la cite vivante à des profondeurs variant de 4 à 100 brasses sur les côtes de l'Espagne (commune à Gibraltar), des iles Baléares, de la Provence, du Piémont, de la Corse, de la Sardaigne, de Naples, de la Sicile, de la Dalmatie, de l'archipel grec, de la Morée et de l'Algérie. Elle existerait également dans l'océan Atlantique sur les côtes de la France, de l'Espagne et du Portugal, des iles Madère et Canaries, enfin sur les côtes du Sénégal.

Genre RANELLA.

Ranella marginata Martini.

1777. *Buccinum marginatum* Martini, *Neues systematisches Conchylien Cabinet*, t. III, pl. CXX, fig. 1101-1102.

1814. *Buccinum marginatum* Brocchi, *Conch. foss. subap.*, p. 332, pl. IV, fig. 17.

1822. *Ranella lævigata* Lamarck, *Hist. nat. des animaux sans vertèbres*, t. VII, p. 154.

1823. *Ranella marginata* A. Brongniart, *Mémoire sur les terrains supérieurs du Vicentin*, p. 65, pl. VI, fig. 7.

Synonymie et diagnose: Hörnes, *op. cit.*, p. 214. — Bellardi, *I Molluschi*, etc., p. 243. — Pereira da Costa, *Gastéropodes*, etc., p. 152. — Fontannes, *op. cit.*, p. 39.

Nous n'avons trouvé qu'un exemplaire du *Ranella marginata*. Sa spire est très courte, beaucoup plus courte que celle des exemplaires du Roussillon, mais les autres caractères sont les mêmes. C'est d'ailleurs une espèce qui varie suivant les localités où on la rencontre; d'une manière générale, au dire de M. Fontannes, c'est la longueur relative de la spire qui est l'élément le plus variable.

Dimensions: longueur, 30 millim.; largeur, 14 millim.

Gisements. — On a constaté l'apparition de cette espèce dans le miocène moyen à la Superga, où elle est très commune d'après Bellardi; à Dax, en France, d'après Hörnes. Elle passe dans le miocène supérieur : en Italie, elle y est fréquente (Bellardi), mais elle est rare dans le bassin de Vienne, d'après Hörnes. Ce dernier auteur la cite encore à Saubrigues. Pereira da Costa l'a trouvée à Cacella et à Mutella. Mais c'est le pliocène qu'elle caractérise par son abondance; elle est très commune à Asti, d'après Bellardi; Cocconi la cite à Castell' Arquato, à Lugagnano, enfin à Tabiano où elle est très abondante. Foresti la signale dans les deux étages inférieurs du pliocène de Bologne. En France, elle est rare à Biot dans le pliocène inférieur, mais, d'après Depontaillier, elle est très commune au moulin de l'Abadie, près Cannes, dans le pliocène moyen. M. Fontannes l'a rencontrée dans les couches à *Cer. vulgatum* de Bollène (Vaucluse) et de Saint-Restitut (Drôme), où elle est très rare, mais elle est commune dans les sables argileux de Millas et de Banyuls (Pyrénées-Orientales).

Cette espèce vit encore dans l'Atlantique sur les côtes d'Afrique; M. Fischer l'a rencontrée aux îles du Cap-Vert, lors de l'expédition du *Travailleur*.

Genre CASSIDARIA.

Cassidaria echinophora Linné.

1766. *Buccinum echinophorum* Linné, *Systema Naturæ*, ed. X, p. 735; ed. XII, p. 1198.

1814. *Buccinum echinophorum* Brocchi, *Conch. foss. subap.*, p. 326.

1837. *Cassidaria echinophora* Pusch., *Polens Palæontologie*, p. 126, pl. XI, fig. 10.

1822. *Galeodea echinophora* Fontannes, *Les Mollusques pliocènes de la vallée du Rhône et du Roussillon*, t. I, p. 100, pl. VII, fig. 1.

Synonymie et diagnose : Brocchi, *op. cit.*, p. 326. — Hörnes, *Wien. tert. Beck.*, p. 183. — Pereira da Costa, *op. cit.*, p. 133. — Fontannes, *op. cit.*, p. 100.

Nos exemplaires sont conformes à ceux figurés par M. Fontannes; cependant les tubercules y sont peut-être moins épais que sur les exemplaires provenant du Roussillon. D'ailleurs, cette espèce semble susceptible de présenter d'assez grandes différences dans les détails de l'ornementation de la coquille. MM. Cocconi et Fontannes font remarquer que la différence entre les exemplaires fossiles et les exemplaires vivants réside dans la présence d'un labre plus épais chez les premiers. Les variations que présente cette espèce ont été cause que plusieurs auteurs ont cru devoir faire de nouvelles espèces avec de simples variétés. C'est pourquoi, en 1863, Tiberi a publié dans le *Journal de conchyliologie* (p. 150) un travail dans lequel il démontre que quatre espèces de *Cassidaria* ne doivent être considérées que comme quatre variétés du *Cassidaria echinophora*.

Dimensions : longueur, 48 millim.; largeur, 30 millim.

Gisements. — Le *Cassidaria echinophora* semble très rare dans le miocène supérieur : Hörnes le cite à Baden, Pereira da Costa à Cacella. Il est très commun dans le pliocène inférieur. Brocchi l'a signalé dans les Crete Sanesi, à Asti; Cocconi, dans les environs de Lugagnano, à Campile; Ponzi, dans le niveau inférieur de Monte Mario. En France, Depontaillier l'a trouvé très rarement à Biot; M. Fontannes l'a recueilli dans les marnes à *Cer. vulgatum* des environs de Bollène (Vaucluse), dans les marnes à *Os cochlear* de Saint-Restitut (Drôme), dans les argiles à *Pecten Comitatus* de Bouchet (Drôme) et dans les argiles à *Nassa semistriata* de Horpieux (Isère). C'est toujours une espèce rare. Marcel de Serres l'avait déjà signalée dans les environs de Perpignan. M. de Monterosato la cite dans les localités de Monte Pellegrino et de Ficarazzi. Hörnes la signale également à Rhodes.

Le *Cassidaria echinophora* vit dans l'Adriatique et dans la Méditerranée, ainsi que Brocchi l'avait déjà publié en 1814. Weinkauff dit que cette espèce se rencontre vivante à une profondeur variant de 4 à 6 brasses sur les côtes de la France, de l'Italie, de la Corse, de Naples, de la Sicile, de Malte, de Ravenne, de la Vénétie, de Trieste, de Zara, de la Morée, de l'archipel grec, de l'Algérie.

C'est une espèce qui, vivante aussi bien que fossile, semble cantonnée dans le bassin de la Méditerranée.

Genre CHENOPUS.

Chenopus Uttingerianus Risso.

1826. *Chenopus Uttingerianus* Risso, *Hist. nat. des environs de Nice*, t. IV, p. 225.

Synonymie et diagnose : Fontannes, *op. cit.*, t. I, p. 155.

Les tubercules qui ornent les crêtes de nos exemplaires sont un peu usés, mais cependant il est facile de reconnaître que ces derniers sont semblables aux *Chenopus Uttingerianus*, figurés comme provenant des marnes subapennines d'Italie ou du Roussillon.

Dimensions : le sommet du plus grand des exemplaires provenant de los Tejares manque; sa largeur est de 17 millim.

Gisements. —Hörnes confond cette espèce, sous le nom de *Chenopus pes graculi* que lui a donné Bronn, avec une espèce distincte qui porte le nom de *Chenopus pes pelecani;* nous ne pouvons donc tenir compte des renseignements qu'il donne sur son apparition. D'après M. Fontannes, on la rencontrerait dès le miocène supérieur; mais, dans le bassin de Vienne, les exemplaires différeraient un peu de ceux du pliocène et pourraient être considérés comme intermédiaires entre le *Chenopus pes pelecani* et le *Chenopus Uttingerianus*. Cocconi et Pereira da Costa confondent également ces deux espèces, de sorte qu'il faut laisser de côté leurs observations. Il semble que le *Chenopus Uttingerianus* atteigne son maximum de développement dans le pliocène. M. Fontannes l'a rencontré dans les marnes à *Cer. vulgatum* de Saint-Restitut, de Nyons, de Bollène, dans les argiles à *Pecten Comitatus* de Bouchet (Drôme), dans les argiles de Millas et de Banyuls, enfin dans les marnes argileuses à *Nassa semistriata* de Horpieux (Isère).

Genre TURRITELLA.

Turritella subangulata Brocchi.

1814. *Turbo subangulatus* Brocchi, *Conch. foss. subap.*, t. II, p. 374, pl. VI,
      fig. 16.
1853. *Turritella subangulata* Eichwald, *Lethæa Rossica*, p. 279, pl. X,
      fig. 22.

Synonymie et diagnose : Hörnes, *op. cit.*, p. 428. — Fontannes,
Les Mollusques pliocènes, etc., p. 196.

Nos deux exemplaires sont semblables à la figure du *Turbo acu-
tangulatus* donnée par Brocchi (*loc. cit.*, pl. VI, fig. 10), qui n'est
d'ailleurs qu'une variété de son *Turbo subangulatus,* ainsi que l'a
fait remarquer M. Fontannes. La carène ne se trouve pas exactement au milieu du tour de spire, elle se rapproche un peu plus
de la partie supérieure. C'est une forme très voisine du *Turritella
strobeliana* de Cocconi (*op. cit.*, p. 192).

Dimensions : longueur, 35 millim.; largeur, 10 millim.

Gisements. — Ce serait le *Turritella subangulata* var. *spirata*
correspondant au *Turbo spiratus* de Brocchi qu'on rencontrerait
dans le miocène moyen de Touraine. Mais le type de *Turritella
subangulata* se rencontre sûrement dans le miocène supérieur; d'a-
près Hörnes, il serait rare dans le bassin de Vienne, mais en Italie
on le trouverait abondamment à ce niveau, par exemple à Tortone. M. Fontannes ne l'a rencontré à aucun niveau du groupe de
Visan, bien que ce soit une espèce qui apparaisse à cette époque
dans tout le bassin méditerranéen. Dans le pliocène, elle a une
distribution plus générale; en effet, Brocchi cite le type du *Turritella subangulata* et la variété *acutangulata* à la base du pliocène
dans les Crete Sanesi; Ponzi le signale à ce même niveau à Monte
Mario; Foresti le cite dans le pliocène moyen des environs de
Bologne. Depontaillier le dit excessivement commun à Biot, à la
Théoulière et à Villeneuve-Loubet, dans les argiles bleues du pliocène inférieur; commun à Cannes, dans le pliocène moyen. M. Fon-

tannes le cite comme très commun dans les marnes argileuses à *Nassa semistriata* et dans les faluns à *Cer. vulgatum* de Horpieux (Isère), de Fay-d'Albon, de Ponsas, d'Erre, de Saint-Restitut, de Bouchet, de Nyons (Drôme), de Bollène (Vaucluse), de Saint-Laurent-du-Pape, de Bourg-Saint-Andéol (Ardèche), de Saint-Christophe (Bouches-du-Rhône). Cette espèce manque ou est très rare dans le Roussillon.

Cocconi la cite vivante sur les côtes de Tunisie, mais M. Fontannes pense que c'est une nouvelle variété qui vit dans ces parages, et non le *Turritella subangulata* typique.

GENRE XENOPHORA.

Xenophora crispa König.

1825. *Phorus crispus* König, *Icones fossilium sectiles*, fol. Londini, n° 58.
1836. *Trochus crispus* Philippi, *Enum. Moll. Siciliæ*, t. I, p. 183, pl. X, fig. 26.
1873. *Xenophora crispa* Cocconi, *Enum. sist. dei Molluschi mioc. e plioc.*, etc., p. 198.

Synonymie et diagnose : Fontannes, *op. cit.*, t. I, p. 204.

Bien que nous n'ayons trouvé qu'un seul exemplaire de cette espèce, elle est si souvent citée de la localité de los Tejares qu'elle peut être considérée comme y étant assez fréquente ; les caractères sont constants et elle ne présente que des variations individuelles. Sa taille est souvent très grande.

Dimensions : longueur, 135 millim. ; largeur, 110 millim.

Gisements. — C'est une espèce bien caractéristique du terrain pliocène. Brocchi la cite dans le pliocène inférieur ; Foresti dans ce niveau à Monte Mario ; Depontaillier signale dans les marnes de Biot de très nombreux exemplaires, qu'il rapporte, il est vrai avec doute, à cette espèce. Cocconi dit qu'elle serait plutôt caractéristique des sables du niveau moyen. M. Fontannes l'a rencontrée dans les argiles sableuses de Millas et de Banyuls, mais elle y serait rare. M. de Monterosato la signale à Monte Pellegrino et à Ficarazzi dans le pliocène supérieur. M. Fischer la cite dans ce niveau à Rhodes.

Philippi l'a trouvée vivante à Panormi; Jeffreys l'a recueillie à bord du *Porcupine*, à Rasel Amoush; il la cite encore vivante dans le golfe de Gascogne (de Folin), dans la Méditerranée, sur les côtes de Sardaigne et d'Algérie, enfin dans l'Atlantique, aux îles du Cap-Vert (expédition de *la Gazelle*), et sur la côte d'Afrique (*Talisman*), à une profondeur variant de 47 à 486 brasses.

Genre NATICA.

Natica helicina Brocchi.

1814. *Nerita helicina* Brocchi, *Conch. foss. subap.*, p. 297, pl. I, fig. 10.
1856. *Natica helicina* Hörnes, *Wien. tert. Beck.*, p. 525, pl. XLVII, fig. 6, 7
      (pro parte).

Synonymie et diagnose : Weinkauff, *Mittelsmeere*, p. 249. — Fontannes, *op. cit.*, t. I, p. 115.

Nos exemplaires diffèrent aussi bien de ceux d'Italie que de ceux du Roussillon ou de la vallée du Rhône. Mais c'est une espèce si variable, même dans un seul gisement, que nous ne croyons pas devoir en faire une variété du *Natica helicina*.

Les bouches de tous nos exemplaires étant cassées, nous ne pouvons donner leurs dimensions.

Gisements. — D'après Hörnes, le *Natica helicina* apparaît dans le miocène moyen de Touraine, de Suisse, de la Superga, mais il serait plus abondant dans le miocène supérieur : ce même auteur le cite en plusieurs points du bassin de Vienne. Mais c'est dans le pliocène qu'il prend sa plus grande extension. Brocchi le signale dans l'étage inférieur; Cocconi le cite en Italie dans les deux niveaux inférieurs; Foresti le cite dans le pliocène inférieur de Monte Mario et dans les deux étages inférieurs du pliocène de Bologne. En Provence, d'après Depontaillier, il se rencontrerait dans le pliocène inférieur; Fontannes l'a recueilli dans les argiles sableuses de Banyuls, de Neffiach (Pyrénées-Orientales), dans les marnes et

faluns à *Cer. vulgatum* de Bollène, de Vaison (Vaucluse), de Nyons,
de Saint-Restitut, d'Eurre (Drôme), dans les argiles à *Pecten Comitatus* de Bouchet (Drôme), de Bourg-Saint-Andéol (Ardèche).
Weinkauff l'indique du pliocène d'Algérie; Wood le cite dans
le crag de Sutton et de Bridlington, en Angleterre; Weinkauff,
dans le pliocène de Belgique. Cette espèce passe dans le pliocène
supérieur de Rhodes (Fischer), de Cos (Tournouër), de Chypre
(Gaudry) et de Sicile (Monterosato), ainsi que dans la formation
glaciaire de la Clyde. Pour M. Fontannes, il faudrait rapporter
les exemplaires provenant du quaternaire à des formes voisines,
mais non au *Natica helicina* typique.

Cette espèce vit dans la Méditerranée, sur les côtes de l'Italie,
d'après Brocchi, Philippi et Cocconi; sur les côtes de la France et
de l'Espagne, d'après Weinkauff. Enfin, d'après ce dernier auteur,
elle se trouverait fréquemment dans l'océan Atlantique, sur les
côtes de la Norvège, de l'Angleterre, de la France et de l'Espagne.

Natica Companyoni Fontannes.

1871. *Natica neglecta* Mayer, *Couches à congeries du bassin du Rhône*, p. 12.
1876. *Natica neglecta* Fontannes, *Les terrains tertiaires du haut comtat Ve-
naissin*, p. 76.
1882. *Natica Companyoni* Fontannes, *Les Mollusques pliocènes de la vallée du
Rhône et du Roussillon*, t. I, p. 113, pl. VII, fig. 9.

Synonymie et diagnose: Fontannes, *Les Mollusques pliocènes*, etc.,
t. I, p. 113.

Les exemplaires que nous rapportons à cette espèce sont assez
mal conservés; cependant on peut les identifier à l'espèce de
M. Fontannes. Ils se rapprochent assez du *Natica millepunctata*,
figuré par Hörnes (*op. cit.*, pl. XLVII, fig. 12); cependant cette
dernière espèce a une forme un peu plus dilatée que n'est celle de
nos exemplaires. Ceux-ci ne portent aucun ornement autre que les
stries d'accroissement, ce qui pourrait, au premier abord, les rapprocher encore plus du type figuré par M. Fontannes, mais il est

vrai que les ponctuations qui caractérisent le *Natica millepunctata* vivant ne sont dues qu'à des taches pigmentaires qui peuvent disparaître par la décomposition de la matière organique. Il faut donc ne s'en rapporter qu'à la forme, et alors le *Natica Companyoni* pourrait bien ne plus être qu'une variété du *Natica millepunctata*. M. Fontannes fait remarquer que c'est surtout avec le *Natica mille-punctata* du bassin de Vienne que son type a le plus d'affinités.

Nos exemplaires ne présentant pas la bouche complète, nous ne pouvons donner leurs dimensions.

Gisements. — N'ayant pas eu sous les yeux les différents exemplaires de *Natica millepunctata* cités par les auteurs qui se sont occupés du miocène et du pliocène, nous ne pouvons savoir quels sont ceux qu'il faudrait rapporter au *Natica Companyoni*, et par suite nous ne pouvons indiquer quels sont ses gisements. M. Fontannes a rencontré cette espèce dans les argiles sableuses des vallées du Tech et de la Tet (Pyrénées-Orientales), où elle est commune, dans les marnes à *Cer. vulgatum* des environs de Bollène, de Visan (Vaucluse) et de Saint-Restitut (Drôme), où elle est assez rare.

Genre TURBO.

Turbo fimbriatus Borson. — Pl. XXI, fig. 3 *a*, *b*, *c*.

1821. *Trochus fimbriatus* Borson, *Mem. Acc. de Torino*, t. XXVI, p. 331, pl. II, fig. 3.
1831. *Turbo fimbriatus* Bronn, *Ital. tert. Geb.*, p. 56.

Diagnose : « Testa conico-depressa; anfractubus subincavatis, arcuatim eleganter striatis; margine inferiori spinoso, spinis distantibus fimbriatis; altero granoso; basis margine incavata, spinarum duplici serie donata. »

Cette espèce étant très souvent confondue avec le *Turbo tuberculatus* ou le *Turbo rugosus*, nous avons pensé qu'il serait utile de reproduire la diagnose telle que Borson la donna en 1821. De plus, la figure que cet auteur en dessina lui-même étant à peine suffisante pour permettre de reconnaître les caractères de son espèce, nous avons fait figurer un des exemplaires rapportés de los Tejares par de Verneuil; il appartient à la collection de l'École des mines et nous en devons communication à M. Douvillé.

Borson n'a trouvé que trois exemplaires de cette espèce, et en mauvais état. Ils présentaient entre eux quelques différences provenant du nombre des séries de granulations ornant la coquille. L'exemplaire que nous avons fait figurer porte deux séries de granulations; nous avons trouvé d'autres exemplaires n'en portant qu'une; ce sont là des différences sans importance, telles que celles signalées par Borson.

Dimensions : hauteur, 23 millim.; largeur, 34 millim.

Gisements. — Seguenza le signale dans le tortonien. L'espèce a été créée par Borson pour des exemplaires provenant des marnes bleues d'Asti.

LAMELLIBRANCHES.

Genre ARCA.

Arca diluvii Lamarck.

1819. *Arca diluvii* Lamarck, *Histoire naturelle des animaux sans vertèbres*, t. VI, p. 45.

Synonymie et diagnose : Brocchi, *op. cit.*, p. 477. — Bronn, *Lethæa geognostica*, t. III, p. 378. — Nyst, *Coquilles et polypiers fossiles de la Belgique*, p. 255. — Weinkauff, *op. cit.*, t. I, p. 198. — Hörnes, *op. cit.*, p. 333. — Fontannes, *op. cit.*, t. II, p. 164.

Cette espèce présente un si grand nombre de formes qu'il est impossible de trouver des caractères assez constants pour créer des variétés. Les dimensions sont les éléments les plus variables. En comparant les différentes figures qui ont été données de cette espèce, nous avons pu constater qu'à los Tejares c'étaient les types extrêmes qui prédominaient, le type globuleux et le type allongé.

M. Fontannes attire l'attention sur ce fait que dans la charnière de cette espèce, vers le milieu, au point de divergence des séries de dents antérieures et postérieures, se trouvent deux dents plus épaisses et plus saillantes que les autres; les intervalles qui leur correspondent sont naturellement plus larges et plus profonds que ceux correspondant aux autres dents. C'est là une sorte de retour vers la disposition la plus générale des dents cardinales des dimyaires. Au point de vue théorique, c'est un fait de première importance, si l'on admet, avec M. Munier-Chalmas, que toutes les dents des polyodontées ne sont que des dents adventives; ce seraient probablement les deux dents cardinales qui reparaîtraient, alors qu'elles ont complètement disparu dans les autres espèces d'*Arca*. Les exceptions dans cette famille permettront seules de reconnaître s'il n'y a pas lieu de considérer le groupe des polyodontées comme une réunion de types anormaux, plutôt que comme une famille naturelle.

Dimensions : l'exemplaire de la plus grande taille mesure 35 millim. pour le diamètre antéro-postérieur et 22 millim. pour la hauteur.

Gisements. — C'est une espèce qui apparaît dans le miocène moyen : Hörnes la cite à la Superga, à Bordeaux, au cap Couronne près des Martigues, à Saint-Gall. Ses gisements sont nombreux dans le miocène supérieur. Hörnes la signale dans ce niveau, à Martignone et Pradalbino, près Bologne, et à Saubrigues; elle est très fréquente dans le bassin de Vienne, dans le leithakalk et dans les argiles de Baden. Mais c'est une espèce caractéristique du terrain pliocène; Brocchi la signale dans le pliocène inférieur du duché de Plaisance, dans les Crete Sanesi, etc.; Foresti dans le pliocène inférieur de Bologne; Ponzi dans le niveau inférieur de Monte Mario; Cocconi l'a rencontrée dans les deux étages inférieurs du pliocène; Depontaillier la dit excessivement commune à Biot, mais très rare à Cannes dans les sables supérieurs aux marnes de Biot. Nyst l'a rarement rencontrée à Anvers. Enfin M. Fontannes l'a trouvée dans un grand nombre de localités : dans les marnes et faluns à *Cerithium vulgatum* de l'Isère, de Saint-Restitut, de Nyons, de Bollène, d'Orange, de Saint-Laurent-du-Pape, de Bourg-Saint-Andéol, de Théziers, ainsi que dans les argiles sableuses de Banyuls. Dans toute cette région, M. Fontannes a trouvé que le type miocène se distingue nettement du type pliocène par sa forme plus globuleuse; la différence est assez grande pour que cet auteur ait distingué le type miocène sous un nouveau nom spécifique. Les exemplaires provenant de los Tejares sont, en effet, de formes plus élancées que ceux figurés comme représentant les types miocènes. M. de Monterosato a trouvé cette espèce dans le pliocène supérieur, à Monte Pellegrino et Ficarazzi. On le connaît à Tarente et à Rhodes (Fischer) dans ce même étage.

D'après Brocchi, cette espèce existerait encore sous le nom d'*Arca antiquata* dans l'océan Indien, en Amérique, dans la Méditerranée. Weinkauff la signale sous son vrai nom sur les côtes d'Espagne, du midi de la France, du Piémont, de la Corse, de Naples, de Tarente, de Sicile, de Malte, de Morée, de l'archipel grec, de l'Algérie et de la Tunisie, dans l'océan Atlantique sur les côtes de Madère, enfin dans la mer Rouge. S'il faut en croire M. Fontannes, ce serait une forme voisine (*Arca Polii* Mayer) que l'on rencontrerait dans toutes ces régions. Cependant M. Fischer l'aurait draguée entre Oran et Gibraltar à une profondeur variant entre 400 et 900 mètres.

GENRE PLEURONECTIA Swainson 1840.

Pleuronectia cristata Bronn.

1814. *Ostrea pleuronectes* Brocchi, *Conch. foss. subap.*, p. 573.
1826. *Pecten pleuronectes* Risso, *Hist. nat. de Nice et des Alpes-Maritimes*,
    t. IV, p. 300.
1831. *Pecten cristatus* Bronn, *Ital. tert. Gebilde*, p. 116.

Synonymie et diagnose : Hörnes, *Wien. tert. Beck.*, t. II, p. 419.
— Fontannes, *Les Mollusques pliocènes*, etc., t. II, p. 198.

Nos exemplaires sont en tous points conformes au type figuré par M. Fontannes (*op. cit.*, t. II, pl. XIII, p. 198). Leurs dimensions, assez variables, dépendent à coup sûr de leur âge. Ils se distinguent très nettement des formes miocènes du bassin de Vienne que Hörnes a figurées sous le nom de *Pecten cristatus,* et que M. Fontannes croit devoir séparer de l'espèce pliocène sous le nom de *Pleuronectia badensis.* Bien que nos exemplaires ne soient pas parfaitement conservés, il est très facile de voir que leur hauteur dépasse leur largeur, ce qui n'a pas lieu pour l'espèce de Baden.

Dimensions : longueur du diamètre antéro-postérieur, 75 millim. ; largeur, 77 millim.

Gisements. — Pour l'étude des gisements, il est plus sage de suivre M. Fontannes dans la séparation qu'il fait des formes pliocènes et miocènes. Il n'y a d'ailleurs que Cocconi, Hörnes et Seguenza qui citent cette espèce dans le terrain miocène. En réalité, elle est caractéristique du pliocène méditerranéen. Brocchi la signale dans les dépôts du pliocène inférieur de la vallée d'Andona près Asti, à Castell'Arquato, dans les Crete Sanesi, en Toscane, etc.; Cocconi au même niveau, à Diolo, Montezago, Variatico, etc.; Ponzi dans le niveau inférieur de Monte Mario; Foresti dans les deux étages inférieurs du pliocène de Bologne. D'après Philippi, ce serait une espèce fréquente dans le pliocène supérieur de Sicile. D'après Depontaillier, elle serait très commune dans les marnes de Biot, mais rare dans les sables de Cannes. M. Fontannes l'a rencontrée dans les marnes à *Nassa semistriata,* à *Cer. vulgatum* de Saint-Restitut, des Granges-Gontardes, de Nyons, Saint-Ariès, Gigondas, Vacqueyras, Orange, Fournes, Meynes, Tresque, Combe (Gard). Dans toute cette région, elle serait assez rare, mais elle est très rare dans les argiles sableuses de Millas (Pyrénées-Orientales). M. Fontannes fait remarquer que c'est une espèce assez répandue dans les argiles pliocènes de l'Italie, tandis qu'elle est rare dans le sud de la France; la raison de cette différence serait que, dans la première région, les dépôts sont encore plus littoraux que dans la seconde, le *Pleuronectia cristata* étant encore plus littoral que les *Pecten.*

Brocchi, citant l'opinion de Linné, en ferait une espèce vivant encore dans l'océan Indien.

Genre PECTEN.

Pecten scabrellus Lamarck.

1814. *Ostrea dubia* Brocchi, *Conch. foss. subap.*, p. 575, pl. XVI, fig. 16.
1819. *Pecten scabrellus* Lamarck, *Hist. nat. des animaux sans vertèbres*, t. VI, p. 183.

Synonymie et diagnose : Hörnes (pars), *op. cit.*, t. II, p. 414. — Fontannes, *op. cit.*, t. II, p. 187.

Notre exemplaire présente tous les caractères de l'espèce. Quoique de petites dimensions, il montre dix-huit côtes à l'intérieur de la coquille, mais les deux extrèmes sont très peu accusées. Les côtes ont une section anguleuse sur le bord des valves; les stries d'accroissement sont légèrement infléchies, celles des côtes vers le crochet, celles des intervalles entre les côtes, vers le bord de la valve. Ces stries s'arrêtent à une certaine distance du crochet. Nous n'avons recueilli qu'un exemplaire de la valve droite, qui est conforme à celle du *Pecten scabrellus* figuré par M. Fontannes (*op. cit.*, t. II, p. 187, pl. XII, fig. 2, 3).

Dimensions : diam. umbono-marginal, 28 millim.; diam. antéro-postérieur, 27 millim.

Gisements. — Cette espèce se rencontre, d'après Seguenza, dans les étages helvétien et tortonien. Peut-être l'a-t-il confondue, ainsi que Hörnes l'a fait, avec le *Pecten Malvinæ*. Brocchi la signale dans le pliocène inférieur du duché de Plaisance et de la vallée d'Andona. Cocconi la cite dans le pliocène inférieur de Castell'Arquato, dans le Thiorzo, à Lugagnano et à Cazzola dans le duché de Parme. Depontaillier la dit très commune dans le pliocène inférieur de Biot et dans le pliocène moyen de Cannes. Wood, confondant le *Pecten scabrellus* et le *Pecten dubius*, le cite sous ce dernier nom dans le *coralline crag* et le *red crag* de Sutton. M. Fontannes l'a trouvé dans des argiles sableuses et des sables jaunes qu'il caractérise à Millas et à Banyuls. Peut-être Philippi l'a-t-il trouvé dans le pliocène supérieur de Reggio.

On ne peut accorder une entière confiance à ces indications de gisements. En effet, de nombreux auteurs ont groupé sous le nom de *Pecten scabrellus* un très grand nombre de formes qui pourraient constituer des variétés, peut-être même des espèces distinctes.

OURSINS.

Genre RHABDOCIDARIS.

Rhabdocidaris nov. sp.

Nous avons trouvé dans les marnes bleues de los Tejares un radiole d'oursin qui n'appartient à aucune espèce vivante ou fossile. Le test étant inconnu, il est impossible de déterminer avec exactitude le genre auquel il faut rapporter cette espèce. Cependant, les radioles de *Rhabdocidaris* présentant plus souvent que les radioles de *Cidaris* le même mode de crénelure du bouton que l'on observe sur notre exemplaire, c'est au genre *Rhabdocidaris* que nous croyons pouvoir rapporter, jusqu'à nouvel ordre, l'espèce en question.

Ce radiole, qui d'ailleurs est cassé, atteint une longueur de 38 millimètres. Il a une forme allongée. Sa

section est circulaire près de la collerette, et son diamètre est de 3 millimètres; à une distance de 20 millimètres de la collerette, sa section devient subcarrée; elle est de 2 millimètres de côté, arrondie aux angles, et elle garde cette section rectangulaire jusqu'au point où elle est rompue. Sa surface est couverte de petites côtes longitudinales, très fines, lisses, passant de la partie cylindrique sur la partie prismatique, sans changer de dimensions ni de forme.

On observe quatre rangées d'épines qui correspondent aux arêtes de la partie prismatique. Les côtes fines qui couvrent la surface du radiole se prolongent jusqu'à l'extrémité de ces épines. Celles-ci, situées seulement sur les arêtes, sont de faibles dimensions ; elles sont inégalement espacées sur une même arête ; elles alternent d'une arête à l'autre sans se correspondre, et les épines inférieures sont un peu moins développées que les épines supérieures.

Au point où le radiole s'élargit pour former la collerette, les côtes fines s'atténuent et la collerette devient lisse ; elle est courte, oblique par rapport à l'axe du radiole et limitée par un bourrelet apparent. Son diamètre est de $6^{mm},5$.

Le bouton a une hauteur de 3 millimètres ; la facette articulaire semble séparée du reste du bouton par une bande lisse. Cette facette a un diamètre de 4 millimètres et est constituée par une série de petites crénelures allongées radialement, au nombre de dix, plus larges vers l'axe que vers l'extérieur.

CORALLIAIRES.

Genre FLABELLUM.

Flabellum malagense nov. sp.

Polypier subpédicellé, droit, fortement comprimé surtout inférieurement, cunéiforme. Les faces de compression présentent des côtes légèrement saillantes ; les bords latéraux sont garnis de crêtes prononcées. Calice elliptique : grand axe long de 23 millimètres, petit axe de 17 millimètres. Six cloisons primaires égales et de position symétrique ; six cloisons secondaires égales et de position symétrique ; douze cloisons tertiaires égales, un peu plus faibles que celles des deux premiers cycles; vingt-quatre

Fig. 12.

cloisons quaternaires inégales, les huit premières antérieures et les deux dernières postérieures étant plus grandes que les autres.[1]

Pseudo-columelle allongée suivant le grand axe et formée par des trabécules constituant un tissu subspongieux.

FOSSILES PLIOCÈNES

DE SAN PEDRO DE ALCANTARA.

INVERTÉBRÉS.

PTÉROPODES.

Genre CLEODORA.

Cleodora pyramidata Linné.

1790. *Clio pyramidata* Linné, *Systema Naturæ*, ed. XIII, p. 3148.
1842. *Cleodora pyramidata* Cantraine, *Malac. Medit.*, p. 30, pl. I, fig. 9.

Synonymie et diagnose : Bellardi, *I Molluschi dei terreni terziarii del Piemonte e della Liguria*, t. I, p. 30. — Weinkauff, *Conchylien des Mittelsmeeres*, t. II, p. 426.

Les exemplaires de cette espèce sont très nombreux à San Pedro de Alcantara. On peut les diviser en quatre groupes principaux correspondant à quelques variations dans les détails, bien que tous les exemplaires se rapportent, dans leur ensemble, au *Cleodora pyramidata* figuré par Souleyet (*Voyage de la Bonite*, pl. VI, fig. 17-25).

α. Forme absolument identique à celle figurée par Souleyet.

β. Forme très voisine de la précédente, mais dans son ensemble elle parait plus trapue. Le pli médian est d'un diamètre plus grand que dans la forme α. La face dorsale n'est pas carénée.

[1] L'orientation du *Flabellum* est faite suivant le grand axe; ce mode d'orientation résulte d'observations faites par M. Munier-Chalmas sur les *Turbinolia*.

γ. Même pli médian que dans la forme précédente, mais la face ventrale est concave.

δ. La face ventrale est convexe et le pli médian est de dimensions plus grandes que dans les autres formes.

Les espèces fossiles du genre *Cleodora* sont assez rares dans le pliocène. Wood en cite une seule, le *Cleodora infundibulum* dans le crag d'Angleterre.

Tous nos exemplaires sont trop mal conservés pour que leurs dimensions aient quelque signification.

Gisements. — D'après Bellardi, cette espèce apparaîtrait dans le miocène supérieur de Mondovi, où elle serait fréquente ; dans le même niveau géologique, on la rencontrerait, mais rare, à Vezza près Alba, dans des sables quartzeux. Elle semble bien plutôt appartenir au pliocène. Bellardi et Bronn la citent dans le pliocène inférieur des collines de l'Astésan. Ponzi la signale comme très abondante à Monte Mario, dans le niveau inférieur. Depontaillier, sans donner aucun nom spécifique, dit que le genre *Cleodora* est assez rare dans le pliocène moyen de Cannes. Le *Cleodora pyramidata* a été trouvé dans le pliocène supérieur de Ficarazzi (de Monterosato) et de Rhodes (Fischer).

Le *Cleodora pyramidata* est cité vivant en un très grand nombre de points ; d'après Souleyet, il se rencontrerait même dans toutes les mers. Cantraine et Philippi le citent vivant à Messine ; d'après Forbes, il existerait dans l'archipel grec; Philippi l'indique comme vivant dans l'océan Atlantique et dans toute la Méditerranée. M. de Monterosato le signale comme une espèce des grandes profondeurs de la Méditerranée.

Genre HYALEA.

Le seul exemplaire que nous puissions rapporter avec certitude à ce genre est dans un trop mauvais état pour qu'il soit possible de le déterminer spécifiquement. Nous n'avons, en effet, que la face postérieure de la coquille.

Ce genre *Hyalea* apparaît dans le miocène moyen. Philippi, Bellardi et Weinkauff citent des espèces provenant du miocène moyen et du pliocène. Il est à noter que Depontaillier cite ce genre comme excessivement rare dans les marnes de Biot.

GASTÉROPODES.

Genre BULLA.

Bulla acuminata Brug.

1789. *Bulla acuminata* Bruguière, *Encyclopédie méthodique*, t. 1, p. 376, pl. XXI, fig. 7 *a-c.*
1868. *Volvula acuminata* Weinkauff, *Mittelsmeere*, t. II, p. 202.

Synonymie et diagnose : Brocchi, *Conch. foss. subap.*, p. 276. — Philippi, *Enum. Moll. Siciliæ*, t. I, p. 122. — Nyst, *Coquilles et polypiers fossiles de la Belgique*, p. 457. — Wood, *Crag Moll.*, t. I, p. 174.

Cette petite espèce est très constante de forme, quelle que soit la région où elle ait été trouvée.

Dimensions. Parmi les nombreux exemplaires que nous avons recueillis, le plus grand atteint les dimensions suivantes : longueur, 4 millim. ; largeur, 1^{mm},5.

Gisements. — Il ne semble pas que le *Bulla acuminata* ait apparu avant le pliocène ; cependant Nyst le cite comme ayant été trouvé dans le miocène moyen à Dax. Il se verrait dans le pliocène des Crete Sanesi, d'après Brocchi ; dans le *coralline crag* de Sutton, d'après Wood ; dans les sables glauconieux d'Anvers, d'après Nyst. Les exemplaires provenant de Palerme et cités par Philippi appartiennent au pliocène supérieur.

Enfin c'est une espèce vivant actuellement dans la Méditerranée (Philippi, Nyst) ; Weinkauff la signale spécialement sur les côtes de Sardaigne, de Sicile, d'Illyrie, d'Algérie. Elle se rencontre également ment dans l'Atlantique sur les côtes de la Norvège et de la Grande-Bretagne.

Genre MARGINELLA.

Marginella auris leporis Brocchi. — Pl. XXI, fig. 4 *a, b.*

1814. *Voluta auris leporis* Brocchi, *op. cit.*, pl. IV, fig. 2 *a, b,* p. 320.
Marginella auris leporis Brocchi, *ibid.*

Le seul exemplaire de cette espèce trouvé à San Pedro de Alcantara est en tous points conforme à l'espèce de Brocchi. Mais la figure qu'en a donnée ce dernier auteur ne nous ayant pas paru suffisamment exacte, notamment en ce qui concerne la forme de la bouche, nous avons pensé qu'il convenait de la faire figurer à nouveau. Bien que Brocchi lui ait donné le nom de *Voluta,* il reconnaît que les caractères génériques la rattache au genre *Marginella* de Lamarck.

D'Orbigny cite le *Voluta auris leporis* dans son 26ᵉ étage (falunien) et renvoie à Grateloup comme au créateur de cette espèce. C'est une erreur : Grateloup, dans sa *Conchyliologie fossile des terrains tertiaires du bassin de l'Adour (environs de Dax),* donne une figure (pl. XXXVIII ou pl. II des *Volutes,* fig. 20) qui sous ce nom représente une Volute ou une Marginelle dont le bord serait cassé. D'ailleurs elle ne ressemble pas à notre échantillon ; elle est bien plus large. D'autre part, Grateloup, pour cette espèce, renvoie à Sowerby (*Min. Conch.,* pl. XC, fig. 3). L'espèce figurée par l'auteur anglais porte le nom de *Voluta magorum,* appartient au London-clay et n'a aucun rapport avec l'exemplaire recueilli à San Pedro.

Dimensions : longueur, 50 millim. ; largeur, 21 millim.

Gisements. — Cette espèce semble être rare : elle n'est citée qu'en Italie, dans le pliocène, par Brocchi et par Cocconi.

Genre CERITHIUM.

Cerithium scabrum Olivi.

1792. *Murex scaber* Olivi, *Zoologia adriatica*, p. 153.
1792. *Cerithium lima* Bruguière, *Encyclopédie méthodique*, t. I, p. 495.
1856. *Cerithium scabrum* Bronn, *Lethœa geognostica*, t. VI, p. 511, pl. XLI,
    fig. 10.

Synonymie et diagnose : Weinkauff, *op. cit.*, t. II, p. 161. — Hörnes, *Wien. tert. Beck.*, t. I, p. 410. — Fontannes, *Les Mollusques pliocènes*, etc., t. I, p. 166.

Notre unique exemplaire présente la même ornementation que celle que l'on peut observer chez l'individu jeune de M. Fontannes. L'avant-dernier tour de spire porte des tubercules bien moins saillants que ceux des autres tours. Les tubercules sont disposés sur quatre rangées.

M. Fontannes a remarqué que cette espèce était constante de forme dans les marnes et les faluns de Saint-Ariès, tandis que dans le Roussillon, non seulement sa forme, mais encore son ornementation sont variables ; certains exemplaires deviennent identiques au type vivant actuellement. La forme de Saint-Ariès rappellerait, d'après M. Fontannes, les formes vivant actuellement dans les eaux saumâtres du Languedoc. Notre exemplaire étant brisé, et la partie antérieure, qui seule permet de distinguer les variétés, faisant défaut, nous ne savons de quelle forme il faut le rapprocher. Cependant, de toutes les figures données pour cette espèce, ce sont celles représentant des exemplaires provenant du miocène supérieur qui rappellent le plus la forme de San Pedro.

Dimensions : longueur, 2^{mm},5 ; largeur, 1 millim.

Gisements. — Son apparition dans le miocène moyen est incontestable dans la partie méridionale de l'Europe, mais cette espèce ne se développe que dans le miocène supérieur, puis traverse le pliocène, le quaternaire, et vit encore actuellement. Dans le miocène moyen, Hörnes cite comme régions où cette espèce est le plus abondante : Steinabrünn, le Bordelais, la Touraine, les collines des environs de Turin. Da Costa la signale dans le miocène supérieur à Cacella et à Mutella. D'après M. Fontannes, elle se rencontrerait également à Monte Gibbio. Le *Cerithium scrabrum* est très commun dans le pliocène et semble propre aux formations littorales. À Cannes, dans le pliocène moyen, Depontaillier en a trouvé un très grand nombre d'exemplaires ; il n'est pas moins abondant dans le pliocène inférieur en Italie, à Castell'Arquato, Pise, Bologne (Foresti), Modène et Sienne. M. Fontannes l'a recueilli dans les marnes et faluns à *Cer. vulgatum* des environs de Bollène (Vaucluse), à Saint-Restitut (Drôme), où il est très commun, dans les marnes à *Nassa semistriata* de Saint-Laurent-du-Pape (Ardèche), dans les argiles sableuses de Millas et de Banyuls, où il est rare. Il se rencontre dans le pliocène supérieur de Monte Pellegrino et Ficarazzi (Monterosato), Cos, Chypre et Rhodes (Fischer). On le cite encore dans le quaternaire de Biot (Depontaillier) et de Suède (Weinkauff).

Comme espèce vivante, elle a une très grande extension. Weinkauff la cite dans la Méditerranée, sur les côtes d'Espagne et des îles Baléares, du sud de la France, du Piémont, de la Corse, de Naples, de Tarente, de la Sicile, d'Ancône, de la Vénétie, de Trieste, de Pirano, de la Tunisie et de l'Algérie. Dans l'Atlantique, elle se rencontrerait encore, d'après le même auteur, sur les côtes de la Norvège, de Kiel, de la Grande-Bretagne, de la France, du Portugal, du Maroc, de Madère, des Canaries et des Açores. D'après Bruguière, elle vivrait également sur les côtes de la Guadeloupe. D'après Weinkauff, le *Cerithium scabrum* vivant se rencontrerait entre o et 180 brasses de profondeur.

Genre VERMETUS.

Vermetus intortus Bronn.

1837. *Vermetus intortus* Bronn, *Lethœa geog.*, p. 433, pl. XXXVI, fig. 18 *a*, *b*, *c*.

1838. *Serpula intorta* Lamarck, *Histoire des animaux sans vertèbres*, édition Deshayes, t. V, p. 623.

1848. *Vermetus intortus* Wood, *Monogr. of the Crag Mollusca*, t. I, p. 113, pl. XII, fig. 8.

Synonymie et diagnose : Wood, *op. cit.*, t. I, p. 113. — Fontannes, *op. cit.*, t. I, p. 201.

Cette espèce est très commune à San Pedro de Alcantara. Nos exemplaires sont conformes aux descriptions et aux figures données par les différents auteurs. Un des principaux caractères de cette coquille consiste dans l'effacement des ornements à mesure que l'animal se développe; il s'observe très nettement sur nos exemplaires. C'est une forme très constante; il ne semble y avoir des variations que dans la taille; nos exemplaires ont les dimensions de ceux figurés par Bronn, Wood et Fontannes. Cette espèce a de nombreuses analogies avec plusieurs autres; aussi semble-t-il exister une certaine confusion dans les différentes synonymies qui en ont été données. Sans vouloir discuter cette synonymie, nous nous en rapporterons aux figures données par les trois auteurs précédents et qui concordent entre elles.

Dimensions. Nos exemplaires ne sont pas entiers; ils ont tous été brisés à leurs extrémités, nous ne pouvons donc en donner la longueur. Le plus grand diamètre que présente l'exemplaire ayant atteint le maximum de développement est de 3 millimètres.

Gisements. — Dès le miocène moyen, cette espèce se rencontre dans le bassin de Vienne à Gainfahren, Steinabrünn; partout elle est commune, au dire de Hörnes. Mayer la cite en Suisse (Lucerne et Saint-Gall) à ce même niveau; elle se rencontrerait encore en France dans les faluns de Touraine, de Bordeaux et de Dax. Les gisements dans le pliocène sont nombreux : on l'a rencontrée dans les marnes subapennines d'Italie, à Asti, Castell'Arquato, Modène, Bologne, Sienne, Palerme; en France, à Biot et à la Théoulière (Depontaillier). Elle se rencontre également dans l'étage moyen du pliocène. Wood la cite dans le *cor. crag* de Ramsholt et de Sutton, ainsi que dans le *red crag* de Sutton, de Bromswell et de Brightwell; M. Fontannes l'a trouvée dans les marnes à *Nassa semistriata* de Saint-Restitut (Drôme), dans les marnes et faluns à *Cer. vulgatum* de Bollène (Vaucluse), dans les argiles sableuses de Millas (Pyrénées-Orientales). Elle aurait été trouvée également dans le pliocène d'Algérie, d'après Weinkauff. Philippi a cité dans le pliocène supérieur de Sicile le *Vermetus subcancellatus*, qui pourrait bien être le *Vermetus intortus*.

Cette espèce vit encore dans la Méditerranée sur les côtes du Piémont, de la Corse, de Naples, de la Sicile, de l'Istrie, de l'archipel grec et de l'Algérie. Ainsi que le fait remarquer M. Fontannes, elle semble avoir disparu de l'Atlantique, tandis qu'elle existait à l'époque pliocène sur les côtes d'Angleterre.

Genre CALYPTRÆA.

Calyptræa chinensis Linné *var.* **muricata** Brocchi.

1758. *Patella chinensis* Linné, *Systema Naturæ*, ed. X, p. 781.
1814. *Patella muricata* Brocchi, *Conch. foss. subap.*, t. II, p. 254, pl. I, fig. 2.
1814. *Patella sinensis* Brocchi, *ibid.*, p. 256.
1856. *Calyptræa chinensis* Hörnes, *Wien. tert. Beck.*, p. 632, pl. L, fig. 17-18.
1861. *Calyptræa muricata* Companyo, *Histoire naturelle des Pyrénées-Orientales*, p. 379.

Synonymie et diagnose : Weinkauff, *Mittelmeere*, t. II, p. 333. — Hörnes, *op. cit.*, t. I, p. 632. — Cocconi, *Enum. sist. dei Molluschi mioc. e plioc.*, etc., p. 199. — Fontannes, *op. cit.*, t. I, p. 205.

Dans tous nos exemplaires, la lame spirale interne, qui carac-

térise le genre, est très bien conservée; les granulations de la surface externe sont peu nombreuses; elles n'occupent qu'un ou deux
tours, au plus, de la coquille. Le fait s'explique facilement, nos
exemplaires provenant tous d'individus jeunes. Tous les caractères,
d'ailleurs, sont conformes à la description que donne M. Fontannes.

A l'exemple de Wood et de M. Fontannes, nous pensons qu'il
faut considérer le *Calyptræa muricata* de Brocchi comme une variété
du *Cal. sinensis;* ils ne se distinguent l'un de l'autre que par les granulations, qui sont plus nombreuses dans le vrai *Cal. sinensis* que
dans le *Cal. muricata.* Brocchi admet que ce sont deux variétés
dont les caractères proviennent de la différence des milieux dans
lesquels elles vivent.

Dimensions : hauteur, 2 millim. ; largeur, 5 millim.

Gisements. — Cette espèce est déjà abondante dans le miocène
moyen : en France, elle a été rencontrée en Touraine, à Salles et à
Cestas près Bordeaux, à Saint-Paul près Dax, à Léognan, à Saucats,
à Mérignac; en Italie, à Turin ; en Suisse. On la connaît dans le
miocène supérieur du bassin de Vienne. Dans le pliocène, elle se
rencontre très fréquemment : en Italie, Brocchi la cite à Asti, Bronn
à Castell'Arquato, Cocconi la signale dans les deux étages inférieurs,
Foresti dans l'étage moyen de Bologne et à Monte Mario, Hörnes à
Modène et à Sienne. Sur les côtes de Provence, elle a été trouvée
dans les deux étages inférieurs. M. Fontannes a recueilli cette
espèce dans les marnes à *Cer. vulgatum* des environs de Bollène
(Vaucluse), où elle est rare, dans les argiles sableuses de Millas et
de Banyuls (Pyrénées-Orientales), où elle est assez rare. Nyst l'a
trouvée à Anvers, Wood dans le *coralline crag* de Sutton, de Gedgrave, de Ramsholt, dans le *red crag* de différentes localités. Enfin
elle se rencontre en plusieurs points de l'Algérie. Philippi et M. de
Monterosato la citent dans le pliocène supérieur de Tarente et de
Sicile, Hörnes et M. Fischer dans celui de Rhodes, Tournouër dans
celui de Cos.

On la connaît vivante dans la Méditerranée, à Algésiras, à Gibraltar, à Malaga, à Carthagène (d'après M. Hidalgo), sur les côtes

des îles Baléares, du sud de la France, du Piémont, de la Corse, de Naples, de la Sicile, de la Dalmatie, de la Vénétie, de l'archipel grec, de la Morée, de la Tunisie et de l'Algérie. Dans l'océan Atlantique, on la rencontre depuis la côte méridionale de la Grande-Bretagne jusqu'à la côte de Guinée. En Espagne, elle est commune à Cadix et à Trafalgar (Hidalgo). M. Fischer l'a recueillie à une profondeur de 400 à 900 mètres entre Oran et Gibraltar.

Genre NATICA.

Natica helicina Brocchi.

Voir les fossiles de los Tejares, près Malaga, p. 271.

L'exemplaire de San Pedro de Alcantara est un individu jeune ne présentant d'ailleurs aucune particularité digne d'être signalée. Sa coloration n'est pas celle des exemplaires recueillis à los Tejares, mais cette différence provient sans doute de ce que la pyrite des marnes de cette dernière localité a pu pénétrer dans les coquilles et leur donner une coloration brune; tandis qu'à San Pedro, le dépôt étant sableux, notre exemplaire ne s'est imprégné d'aucune substance colorante.

Genre TROCHUS.

Trochus magus Linné.

1766. *Trochus magus* Linné, *Systema Naturæ*, ed. XII, p. 1228, n° 7.

Synonymie et diagnose : Weinkauff, *op. cit.*, t. II, p. 380. — Fontannes, *Les Mollusques pliocènes*, etc., t. I, p. 221, pl. XI, fig. 25.

Tous nos exemplaires sont mal conservés; cependant ce qui reste du test ne laisse aucun doute sur l'assimilation à faire de l'espèce étudiée avec le *Trochus magus*.

Dimensions : elles sont approximativement : largeur, 14 millim.; hauteur, 10 millim.

Gisements. — Bien que Hörnes la cite comme synonyme du *Trochus fanulum* Gmel., dans le miocène supérieur, cette espèce ne semble pas apparaître avant le pliocène. Brocchi la cite dans les Crete Sanesi, du pliocène inférieur, mais Cocconi la signale dans les deux niveaux inférieurs du pliocène, de même Foresti dans le pliocène de Bologne ; d'après ce dernier auteur, elle se rencontrerait à Monte Mario. Depontaillier l'a trouvée, mais très rare, dans l'étage moyen de Cannes. Elle se rencontre encore dans le pliocène supérieur d'Ischia, de Tarente (Philippi), de Sicile (Monterosato), de Rhodes (Fischer), dans le glaciaire d'Irlande et de Norvège.

Elle vit actuellement sur toutes les côtes de la Méditerranée : le *Porcupine* l'a recueillie au Cabo de Gata, sur le banc de l'Aventure. M. Hidalgo la signale à Malaga et à Gibraltar où elle est commune. On la trouve encore dans l'Atlantique, aux Shetland, sur les côtes du sud-ouest de la Suède, sur les côtes de la Grande-Bretagne, de la France, de l'Espagne (à Trafalgar, d'après Mac Andrew), des Canaries, de Madère, des Açores et du Sénégal. La profondeur à laquelle on l'a rencontrée varie, d'après Weinkauff, de 4 à 40 brasses.

Trochus patulus Brocchi var. *β*.

1814. *Trochus patulas* Brocchi, *Conch. foss. subap.*, p. 356, pl. V, fig. 19.

Synonymie et diagnose : Hörnes, *Wien. tert. Beck.*, t. I, p. 458. — Cocconi, *Enum. sist. dei Molluschi*, etc., p. 221.

Les deux exemplaires que nous avons rapportés sont conformes à la description que donne Brocchi de la variété *β*.

Dimensions : largeur, 22 millim. ; hauteur, 16 millim.

Gisements. — Le type de l'espèce apparaîtrait déjà dans le miocène supérieur du bassin de Vienne, d'après Hörnes ; mais la variété *β* de Brocchi semble bien cantonnée dans le pliocène. Brocchi, Foresti et Cocconi en citent de nombreux gisements dans le pliocène inférieur d'Italie. Depontaillier a trouvé cette espèce commune à Cannes, dans l'étage moyen.

Genre EUMARGARITA Fischer 1885.

C'est le genre *Margarita* créé par Leach en 1819, mais le même auteur avait déjà employé en 1814 ce nom pour un genre nouveau de bivalve ; c'est cette raison qui a conduit M. Fischer à proposer de transformer ce nom en celui d'*Eumargarita*. Ce genre est plus spécialement un genre de haute mer et de régions septentrionales.

Eumargarita Cuadræ nov. sp. — Pl. XXI, fig. 5 *a*, *b*, *c*.

Coquille peu élevée subcirculaire. Test brillant, mince, avec épiderme mince. Péristome mince, tranchant ; bord columellaire droit, sans pli, faisant à la partie supérieure un angle qui représente une petite gouttière en rapport avec les plis qui contournent l'ombilic. Ombilic large et profond à paroi interne verticale, faisant un angle presque droit avec le dernier tour. Nucleus très petit, lisse. Les deux premiers tours de spire présentent des stries longitudinales assez fortes ; les suivants portent près de la suture une partie peu saillante, en forme de ruban, présentant des plis transversaux beaucoup plus saillants à leur début que près de l'ouverture. Le reste de la surface du test est orné seulement de très fines stries d'accroissement. Dernier tour très grand, anguleux, présentant, du côté externe, quelques stries longitudinales peu profondes, et, près de l'ombilic, une série de plis rayonnants très rapprochés, terminés par une partie saillante et séparés par un petit sillon longitudinal. Ces plis forment comme une série de tubercules allongés qui bordent l'ombilic. Spire composée de quatre tours croissant rapidement. L'opercule manque. C'est une espèce assez abondante.

Dimensions : diamètre, 6^{mm},5 ; hauteur, 4 millim.

Eumargarita Fischeri nov. sp. — Pl. XXI, fig. 6 *a*, *b*, *c*.

Coquille peu élevée, subcirculaire. Test brillant, mince, avec épiderme mince. Ouverture subtrigone. Péristome mince, tranchant. Bord columellaire droit, faisant un angle très accusé avec le bord libre et présentant à sa jonction avec ce dernier un indice de gouttière à peine accusé. Ombilic profond, à parois verticales. Nucleus lisse, petit. Les deux premiers tours de spire présentent des stries longitudinales, coupées par des stries transversales qui disparaissent complètement sur les autres tours. Dernier tour de spire subanguleux, présentant à sa partie inférieure des stries d'accroissement à peine visibles, et quelques stries longitudinales près de la ligne de suture et près de sa partie anguleuse. Partie supérieure offrant les mêmes stries longitudinales un peu plus accusées et un espace presque lisse situé sur le pourtour de l'ombilic; stries d'accroissement peu accusées. Spire composée de trois tours et demi à quatre tours, rappelant d'une manière générale la forme des *Solarium*. L'opercule manque. Nous ne possédons qu'un seul exemplaire.

Dimensions : diamètre, 3^{mm},75 ; hauteur, 3 millim.

GENRE RIMULA.

Rimula (Cranopsis) capuliformis Pecchioli. — Pl. XXI, fig. 7 *a*, *b*, *c*.

1864. *Rimula capuliformis* Pecchioli, *Descrizione di alcuni nuovi fossili delle argile subappennine toscane,* pl. IV, fig. 35-38, vol. VI. *Atti della Società italiana di scienze naturali,* Milano.

1885. *Cranopsis capuliformis* Fischer, *Manuel de conchyliologie,* p. 862.

Cette espèce étant très rare, nous avons cru intéressant de la faire figurer de nouveau et de reproduire la diagnose qu'en donne Pecchioli :

« Testa ovata, tenui, parum depressa, vertice postico, recurvo ; latere antico convexo, postico depresso ; costis longitudinalibus rotundatis, alternis minoribus, granulosis ; rima prælonga, ambitu denticulato. »

L'auteur complète ainsi sa diagnose : « Le sommet est très incurvé et situé à un peu plus de 3 millimètres du bord. La fissure

(*rima*) est assez longue et occupe le milieu de la face antérieure ;
elle commence au sommet. Cette fissure est garnie intérieurement
d'une callosité assez grosse. Les deux bourrelets de cette callosité se
prolongent en s'amincissant le long des deux lèvres de la fissure
médiane ; au delà de celle-ci, ces bourrelets se réunissent et se
terminent en pointe au bord de la coquille. La surface est ornée de
petites côtes longitudinales arrondies, entre lesquelles s'en trouvent
d'autres plus petites. Toutes sont granulées à cause de la présence
de stries circulaires qui les traversent. Les bords sont fins et dé-
coupés de dentelures alternativement plus grandes et plus petites,
suivant les côtes de la surface. »

Pecchioli n'en a trouvé qu'un seul exemplaire ; nous en avons
recueilli deux dans les sables argileux de San Pedro de Alcantara.
Ils sont très bien conservés et présentent tous les caractères du
type.

Dimensions : longueur, 12 millim. ; largeur, 10 millim. ; hauteur, 7 millim.

Gisement. — Le *Rimula capuliformis* n'était connu que dans le
pliocène inférieur d'Oruario.

Genre TECTURA.

Tectura virginea Muller.

1773. *Patella virginea* Muller, *Zool. Dan.*, p. 13, pl. XII, fig. 4, 5.
1844. *Acmæa virginea* Thorpe, *Brit. Mar. Conch.*, pl. XXXI.
1848. *Tectura virginea* Wood, *Mollusca from the crag; Gasteropoda*, p. 161,
    pl. XVIII, fig. 6.

Synonymie et diagnose : Nyst, *op. cit.*, p. 349. — Wood, *op.
cit.*, p. 161.

Les exemplaires que nous avons recueillis à San Pedro appartiennent à des individus jeunes. La plus grande coquille a une longueur de 4 millim., une largeur de 2^{mm},50 et une hauteur de
1^{mm},50. Tous les exemplaires appartiennent à la variété *a* de Wood,
figurée pl. XVIII, fig. 6.

Gisements. — Cette espèce est citée par Cocconi comme rare dans les sables jaunes du pliocène moyen de Castell' Arquato. Wood la signale dans le *red crag* de Sutton, de Bawdsey et de Brightwell; Nyst dans le pliocène d'Anvers, sous le nom de *Patella æqualis;* M. de Monterosato l'a rencontrée dans le pliocène supérieur de Monte Pellegrino; M. Fischer la signale dans le même niveau à Rhodes. D'après Weinkauff, elle se rencontrerait dans les formations glaciaires de la Norvège. Le même auteur dit qu'elle a été trouvée dans le terrain quaternaire de Messine et de Nice.

Le *Tectura virginea* vit encore dans un grand nombre de régions; dans la Méditerranée, il a été rencontré sur les côtes d'Espagne, notamment à Gibraltar où il est commun, d'après M. Hidalgo; sur les côtes du sud de la France, de la Corse, de la Sicile, de la Dalmatie, de l'archipel grec et de l'Algérie. Dans l'océan Atlantique, on le connaît sur les côtes d'Islande, de la Grande-Bretagne, du Danemark, de la France, de l'Espagne (Trafalgar, d'après Mac Andrew), du Portugal, des îles Canaries et Açores.

Genre ACROREIA Cossmann 1885.

1882. Genre Nacella Cossmann (*non* Schumacher), *Journal de conchyliologie,* 3ᵉ série, t. XXII, p. 118.

Ce genre, créé par M. Cossmann pour une espèce (*Acroreia Baylei*) provenant d'Hérouval et appartenant à la partie supérieure des sables de Cuise, est encore assez peu connu pour qu'il soit intéressant d'en reproduire la diagnose :

« Coquille mince, pointue, oblongue, étroite, élevée, dont le sommet aigu est excentré du côté postérieur. Dépression postérieure et aplatie, rayonnant du sommet vers le contour et limitée par deux angles obtus dont l'un est situé presque exactement dans l'axe longitudinal de la coquille, tandis que l'autre diverge du côté gauche en se courbant légèrement, ce qui fait que la dépression n'est pas médiane mais latérale. Base formant un ovale un peu acuminé en arrière et dont les bords ne sont pas situés dans le même plan.

Le genre *Acroreia* n'étant connu que par une espèce, il n'est pas possible de savoir exactement les caractères propres au genre et ceux propres à l'espèce; nous admettrons donc jusqu'à nouvel ordre que les différences que nous allons signaler sont caractéristiques de l'espèce pliocène.

Acroreia dubia nov. sp. — Pl. XXII, fig. 1 *a*, *b*, *c*.

Nous avons recueilli à San Pedro une coquille de très petite dimension qui offre avec le genre *Acroreia* un certain nombre de caractères communs. Bien que la forme générale soit la même, il y a quelques différences qu'il importe de noter. D'abord la base n'est pas régulièrement ovalaire, la partie antérieure et la partie postérieure sont coupées plus carrément que dans l'espèce éocène. De plus, la coquille ne porte aucune dépression postérieure sensible, cependant il semble que, sur le bord postérieur, il y ait une légère inflexion.

SCAPHOPODES.

Genre DENTALIUM.

Dentalium delphinense Fontannes.

1871. *Dentalium inæquale* Mayer, *Couches à congéries du bassin du Rhône.*
1882. *Dentalium delphinense* Fontannes, *Les Mollusques pliocènes,* etc., t. I,
　　　　p. 227, pl. XII, fig. 3 à 5.

Synonymie et diagnose : Fontannes, *op. cit.,* t. I, p. 227.

M. Fontannes donne de cette espèce une diagnose que je crois utile de reproduire, cette espèce étant encore peu connue :

« Coquille conique, courbée, épaisse, brillante, hexagonale à l'extrémité postérieure, arrondie en avant; test s'amincissant sensiblement d'arrière en avant. Les six côtes initiales deviennent de plus en plus saillantes vers la courbure, puis elles s'atténuent et disparaissent à l'extrémité antérieure. Costules secondaires inégales, au nombre de six environ, s'interposant successivement dans les interstices; la première qui apparaît occupe généralement le centre et acquiert promptement une épaisseur égale à celle des côtes principales. Entre-croisement de ces lignes saillantes avec des lignes transverses, seulement perceptibles à la loupe, peu distinctes sur les côtes. Stries d'accroissement de plus en plus rapprochées et accentuées. Ouverture à bords minces et tranchants. »

Nos deux exemplaires, dont la taille est d'ailleurs très petite, présentent la plupart des caractères de l'espèce de M. Fontannes. Cependant il n'y a généralement que cinq costules entre deux grosses côtes initiales; de plus, les extrémités de nos deux exemplaires ayant été brisées, nous n'avons pu vérifier l'existence de certains caractères. Nous avons cru pouvoir néanmoins les rapporter à cette espèce, à cause du très grand nombre de caractères communs.

Gisements. — Cette forme, ou plus probablement la forme extrêmement voisine le *D. inæquale* Bronn, apparaît dans le miocène supérieur de l'Italie. Pour Cocconi, ce serait une espèce franchement pliocène. Il est probable qu'il y a eu quelque confusion entre le *D. inæquale* et le *D. delphinense*. Ce dernier, au dire de M. Fontannes, est tout à fait caractéristique des dépôts marins du groupe de Saint-Ariès. Cet auteur a rencontré cette espèce dans les marnes à *Nassa semistriata* de Horpieux (Isère), de Fay-d'Albon (Drôme), de Saint-Laurent-du-Pape (Ardèche), de Théziers (Gard); dans les marnes et faluns à *Cer. vulgatum* d'Eurre, de Saint-Restitut, de Nyons (Drôme), de Visan, de Bollène (Vaucluse). C'est une espèce très commune dans tout ce bassin, tandis qu'elle est très rare dans les argiles de Millas (Pyrénées-Orientales).

Dentalium entale var. tarentinum Lamarck.

1766. *Dentalium entalis* Linné, *Systema Naturæ*, p. 1263.
1818. *Dentalium tarentinum* Lamarck, *Hist. des animaux sans vertèbres*,
     p. 345.

Synonymie et diagnose : Wood, *op. cit.*, t. I, p. 189. — Hörnes,
Wien. tert. Beck., t. I, p. 658.

Le *Dentalium tarentinum* Lamarck peut être considéré, ainsi
que Deshayes l'a déjà dit, comme une simple variété de *Dentalium
entale*. Ce serait la présence des stries longitudinales qui permet-
trait de le distinguer du type, mais il ne semble pas cependant
qu'il y ait là autre chose qu'un caractère individuel. L'exemplaire
que nous avons recueilli à San Pedro de Alcantara, bien qu'ayant
été usé par le frottement, présente des stries longitudinales, peu
apparentes il est vrai.

Dimensions : longueur, 25 millim.; largeur, 3^{mm},5.

Gisements. — Il est fort probable que Nyst (*Coquilles et polypiers fossiles de la Belgique*, p. 345), qui cite cette espèce comme
ayant été trouvée à Grignon, l'a confondue avec le *D. pseudo-entale*
de Deshayes. Le *D. entale* n'apparaît en réalité que dans le miocène
moyen du bassin de Vienne et du Bordelais. Hörnes, qui le cite à
ce niveau, en a donné une figure qui présente tous les caractères
de l'exemplaire que nous avons recueilli en Andalousie. C'est toujours une espèce rare dans le miocène. Elle est plus abondante
dans le pliocène. Cocconi la cite dans le pliocène inférieur des environs d'Asti; Depontaillier, au même niveau, à Biot; M. Fontannes
la dit très rare dans les argiles de Millas et de Banyuls; Wood l'a
rencontrée en Angleterre dans le crag de Bridlington; Nyst la signale dans les sables d'Anvers. D'après Philippi, il est probable que
le *D. entale* se rencontre également dans le pliocène supérieur de
Sicile.

C'est une espèce qui vit actuellement dans un grand nombre de
régions : d'après Weinkauff et Wood, elle se verrait dans l'océan

Atlantique sur les côtes d'Angleterre et d'Irlande, dans la zone des laminaires; sur celles de la France et de l'Espagne. Dans la Méditerranée, elle est assez abondante à une profondeur de 8 à 40 brasses sur les côtes d'Espagne (à Gibraltar, à Carthagène, d'après Mac Andrew et Jeffreys), sur celles des îles Baléares, de la France, de la Corse, à Naples, en Sicile, dans l'Adriatique, enfin sur les côtes d'Algérie.

Genre SIPHONODENTALIUM M. Sars.

Sous-genre LOXOPORUS Jeffreys.

Loxoporus Divæ Ch. Vélain. — Pl. XXII, fig. 2.

1877. *Gadus Divæ* Ch. Vélain, *Remarques au sujet de la faune des îles Saint-Paul et Amsterdam,* p. 128, pl. V, fig. 1, 2.

A Saint-Paul, c'est une espèce très rare. A San Pedro, nous n'en avons recueilli que deux exemplaires.

Cette espèce étant peu connue, je pense qu'il sera intéressant d'en reproduire la diagnose donnée par M. Vélain :

« Coquille mince, blanche, transparente, allongée, médiocrement arquée, légèrement renflée près du tiers supérieur, surface lisse et brillante, montrant, à un grossissement suffisant, quelques stries d'accroissement inégalement espacées; ouverture antérieure parfaitement circulaire, non oblique, contractée, à bord mince et tranchant; ouverture postérieure assez large, simple, oblique, entière, sans lobes ni fissures latérales. »

Dimensions : hauteur, $4^{mm},5$; diamètre supérieur, $0^{mm},75$; diamètre inférieur, $0^{mm},25$. Ce sont à peu près les dimensions des exemplaires rapportés de l'île Saint-Paul par M. Vélain.

18.

LAMELLIBRANCHES.

Genre OSTREA.

Ostrea lamellosa var. Cortesiana Cocconi.

1814. *Ostrea lamellosa* Brocchi, *Conch. foss. subap.*, t. II, p. 564.
1873. *Ostrea Cortesiana* Cocconi, *Enumerazione sistematica dei Molluschi miocenici e pliocenici delle provincie di Parma e di Piacenza*, p. 354,
pl. XI, fig. 6, 7, 8.

Synonymie et diagnose : Cocconi, *op. cit.*, p. 354. — Fontannes, *op. cit.*, t. II, p. 222.

Les caractères que Cocconi a attribués à son espèce, l'*Ostrea
Cortesiana*, ne semblent pas être assez importants pour permettre
d'isoler le type qu'il décrit du grand groupe de l'*Ostrea lamellosa*.
C'est d'ailleurs une espèce des plus variables, autour de laquelle
on peut grouper un grand nombre de variétés, et, parmi celles-ci,
il nous semble qu'il faut ranger l'espèce de Cocconi. Les exemplaires provenant de San Pedro de Alcantara sont tous jeunes ;
ils présentent tous les caractères de l'*Ostrea lamellosa* et ceux de
la variété *Ostrea Cortesiana*. C'est une espèce très commune à San
Pedro.

Dimensions : diamètre antéro-postérieur, 90 millim. ; diamètre
umbono-marginal, 115 millim.

Gisements. — D'après M. Fontannes, cette espèce daterait probablement du miocène ; elle aurait atteint son maximum de développement lors du pliocène supérieur ; actuellement, elle serait
représentée par l'*Ostrea Cyrnusi* des eaux saumâtres de la Corse.

GENRE PECTEN.

Pecten similis Laskey.

1811. *Pecten similis* Laskey, *Mem. Wernerian Society*, t. 1, p. 387, pl. VIII,
fig. 8.

Synonymie et diagnose : Weinkauff, *Mittelsmeere*, t. 1, p. 265.
— Wood, *Crag Mollusca*, t. II, p. 25.

Les exemplaires provenant de l'Andalousie sont conformes à la
figure donnée par Wood (*op. cit.*, t. II, pl. V, fig. 4 *c*). La variété figurée (fig. 4 *a*) par cet auteur, et qui porte des ornements
en chevrons, ne se rencontre pas à San Pedro. Cette espèce vivante
présente également de grandes variations.

Dimensions : diamètre antéro-postérieur, 4^{mm},5 ; diamètre umbono-marginal, 4 millim.

Gisements. — Seguenza signale cette espèce dans l'helvétien ; elle
traverserait le tortonien et le pliocène. Wood l'a trouvée dans le
coralline crag de Sutton. M. de Monterosato la signale dans le pliocène supérieur de Monte Pellegrino et de Ficarazzi ; M. Fischer la
cite à Rhodes, dans ce même niveau.

Wood la cite vivante sur les côtes d'Angleterre. Le *Porcupine* en
a recueilli des exemplaires dans la baie de Galway, dans la baie de
Vigo et aux caps Espichel et Saint-Vincent. Dans la Méditerranée,
M. Hidalgo cite comme localités Conejera et Gibraltar. Le *Porcupine* a encore trouvé cette espèce dans la rade de Carthagène et
sur le banc de l'Aventure. Jeffreys la signale encore dans la mer
Adriatique, aux îles Madère, à la Jamaïque, dans la mer de Corée.
D'après M. de Monterosato, elle vivrait dans la Méditerranée.
Weinkauff cite encore beaucoup d'autres localités où elle aurait
été rencontrée, mais la synonymie qu'il donne de cette espèce
nous fait craindre quelque confusion ; nous nous abstiendrons donc
de reproduire les noms de ces localités. Malgré nos recherches,
nous n'avons pu savoir quelles étaient les variétés qui avaient été
trouvées par les différents auteurs qui citent cette espèce.

Pecten fenestratus Forbes. — Pl. XXII, fig. 3 *a*, *b*, *c*, *d*, *e*.

1843. *Pecten fenestratus* Forbes, *Rep. Brit. Assoc.*, p. 146, 192.
1855. *Pecten inæquisculptus* Tiberi, *Test. medit. nov.*
1855. *Pecten Philippii* Acton, *Ricerche conchiliologiche*, fig. 1 *a*.
1857. *Pecten Actoni* V. Martens, *Malacologische Blätter*, pl. III, fig. 1, 3.

Synonymie et diagnose : Weinkauff, *op. cit.*, t. I, p. 264.

La différence d'ornementation des deux valves a conduit quelques auteurs qui les avaient trouvées isolées à en faire deux espèces distinctes. C'est ainsi que Forbes avait fait de la valve droite le *Pecten concentricus*, tandis qu'il dénommait la gauche *P. fenestratus*. De son côté, Philippi avait déjà donné le nom de *P. antiquatus* à la valve droite. C'est Tiberi qui le premier a reconnu que c'étaient les deux valves d'une même espèce. Pour attirer l'attention sur cette différence, nous avons fait figurer chacune des valves avec le détail de son mode d'ornementation à une plus grande échelle. Les figures 3 *c*, *d*, *e* représentent la valve droite ou inférieure; les figures 3 *a*, *b* correspondent à la valve gauche ou supérieure. Cette espèce appartient au sous-genre *Pleuronectia*.

Dimensions : diamètre antéro-postérieur, 6 millim.; diamètre umbono-marginal, 6 millim.

Gisements. — Cette espèce n'a jamais été signalée fossile que dans le pliocène supérieur de Ficarazzi, par M. de Monterosato, et de Rhodes, par Hörnes.

C'est une espèce vivante des plus répandues : on la connaît dans le golfe de Naples, où Acton l'aurait trouvée à une profondeur de 160 mètres. Tiberi l'a rencontrée sur les côtes de Sardaigne. M. de Monterosato[1] l'a signalée parmi les espèces de la zone profonde de la Méditerranée. M. Fischer l'a draguée dans le golfe de Gascogne, entre 150 et 750 mètres, et dans le golfe du Lion, entre 445 et 1,645 mètres. C'est une espèce caractéristique des mers profondes.

---

[1] *Conchiglie della zona degli abissi; in Bull. Soc. malac. It.*, t. VI, 1880.

Pecten opercularis Linné.

1766. *Ostrea opercularis* Linné, *Systema Naturæ*, ed. XII, p. 1147.
1782. *Pecten opercularis* Chemnitz, *Conch. Cab.*, t. VII, p. 341, pl. LXVII,
fig. 646.

Synonymie et diagnose : Weinkauff, *op. cit.*, t. I, p. 252. —
Cocconi, *Enum. sistem. dei Molluschi miocenici e pliocenici*, etc.,
p. 335. — Wood, *op. cit.*, t. II, p. 35. — Nyst, *Coquilles et polypiers fossiles de la Belgique*, p. 291.

Nous n'avons recueilli que des exemplaires jeunes. Les caractères des variétés ne sont pas encore assez accusés pour qu'il soit
possible de rapporter ces exemplaires à telle ou telle d'entre elles.

Dimensions : le plus grand exemplaire a les dimensions suivantes : diamètre antéro-postérieur, 21 millim.; diamètre umbono-
marginal, 20 millim. Cet exemplaire porte dix-huit côtes.

Gisements. — C'est une espèce dont l'apparition a lieu dans le
miocène et dont le développement numérique s'est continué jusqu'à l'époque actuelle. Deshayes (*Dictionnaire enc. méth.; Vers*,
t. III, p. 723) cite le *P. opercularis* comme très variable. Mais il est
à remarquer que, si les formes pliocènes et actuelles diffèrent, on
trouve cependant tous les passages entre elles. Goldfuss (*Petre-
facta Germ.*, t. II, p. 62) signale la présence de cette espèce à
Ortenburg en Bavière dans le miocène moyen. Hörnes (*Wien. tert.
Beck.*, p. 414, pl. LXIV, fig. 5) a représenté, sous le nom de *Pecten
Malvinæ*, de grands exemplaires de *Pecten opercularis;* cette espèce
serait fréquente dans le miocène supérieur du bassin de Vienne.
Cocconi la cite également dans le miocène supérieur d'Italie. Mais
c'est dans le pliocène qu'elle devient très commune : dans le pliocène inférieur et moyen d'Italie, de France, d'Angleterre et de
Belgique, on en trouve de nombreux exemplaires. Dans le pliocène supérieur d'Italie, elle est encore plus commune. M. de Monterosato la signale à Monte Pellegrino et Ficarazzi; M. Fischer, à
Rhodes.

Actuellement, on rencontre très fréquemment le *Pecten opercularis* dans l'océan Atlantique, depuis les côtes de la Norvège jusqu'aux Açores (M. Hidalgo le cite à Cadix et Trafalgar). Dans la Méditerranée, Weinkauff le signale sur toutes les côtes; M. Hidalgo le dit très commun à Gibraltar et à Algésiras. C'est certainement une des espèces les plus répandues. D'après Jeffreys (*Mollusca of Porcupine*, etc.), on la trouverait à une profondeur variant de 5 à 205 brasses.

Pecten Macphersoni nov. sp. — Pl. XXII, fig. 4 *a*, *b*, *c*.

Coquille subéquilatérale, légèrement oblique, assez fortement convexe, ayant son maximum de largeur un peu au-dessus du tiers supérieur. Surface externe marquée de côtes rayonnantes assez larges, saillantes, séparées par des intervalles un peu plus étroits que les côtes. Côtes légèrement inégales entre elles, sauf près des côtés où l'inégalité est très sensible; lisses près du sommet et jusqu'à un tiers de leur longueur, elles sont divisées en deux par un sillon étroit. Parfois quelques côtes, sans position fixe, ne présentent aucun sillon; d'autres fois, mais très rarement, tendance à la formation d'un second sillon sur une des grosses côtes. Les intervalles entre deux grosses côtes portent quelquefois une côte atténuée. Lamelles d'accroissement très fines, très serrées sur tout le test, ne se voyant bien que dans les sillons par suite de l'usure produite sur les côtes.

Bord cardinal rectiligne, ayant $32^{mm},5$. Crochets peu proéminents, ne dépassant pas le bord cardinal. Oreillettes inégales, l'antérieure étant la plus développée. L'oreillette postérieure porte deux plis, tandis que l'antérieure ne présente que l'indice de plis à peine marqués; sur toutes deux, stries transversales très fines. Denticules cardinaux au nombre de trois sur l'oreillette antérieure, au nombre de deux sur l'oreillette postérieure. Ces denticules sont inégaux. Fossette ligamentaire triangulaire.

Bord inférieur très arqué, marqué en dedans de côtes aplaties correspondant aux interstices de la surface externe; plus saillantes sur le bord, ces côtes s'atténuent graduellement et disparaissent vers le tiers supérieur de la hauteur. Ces côtes se rétrécissent vers leur partie terminale, où chacune d'elles présente une légère dépression. C'est là un caractère commun aux deux valves.

La valve gauche que nous avons fait figurer appartient à un autre individu que celui d'où provient la valve droite. Elle a les mêmes ornements que la valve convexe, mais elle est plate, légèrement concave à la partie antérieure, avec traces de côtes jusqu'au sommet. Ces côtes portent un sillon, mais parfois ce sillon divise l'une d'elles de telle sorte qu'il semble qu'il y ait deux grosses côtes juxtaposées. Dans l'intervalle entre deux de ces dernières on en voit de petites.

Les côtes des deux valves, plus ou moins différenciées selon les exemplaires étudiés, se serrent beaucoup les unes contre les autres en se rapprochant du bord cardinal. Elles sont au nombre de vingt, dont deux latérales antérieures et deux latérales postérieures différenciées.

Les stries d'accroissement ont toujours la même disposition dans les deux valves.

Impression musculaire différenciée : l'antérieure est subcirculaire, la postérieure est semi-lunaire et contiguë à l'antérieure.

Dimensions : diamètre antéro-postérieur, 55 millim.; diamètre umbono-marginal, 51 millim.

C'est une espèce commune à San Pedro.

Genre LIMA.

Lima subauriculata Montagu.

1808. *Pecten subauriculata* Montagu, *Test. Brit. sup.*, p. 63, pl. XXIX, fig. 2.
1822. *Lima subauriculata* Turton, *Brit. Biv.*, p. 218.

Synonymie et diagnose : Wood, *Crag Mollusca*, p. 47. — Nyst, *op. cit.*, p. 281.

Nos exemplaires sont conformes aux figures données par les différents auteurs; cependant les côtes y sont plus fines que dans ceux qui ont été figurés jusqu'ici. Dans la plupart des auteurs italiens et dans Nyst, cette espèce est appelée *Lima nivea* Renieri. C'est un synonyme de *Lima subauriculata*.

Dimensions : diamètre antéro-postérieur, 2 millim.; diamètre umbono-marginal, 4 millim.

Gisements. — C'est une espèce qui ferait son apparition dès l'helvétien, au dire de Seguenza. Brocchi et Philippi la citent dans le pliocène supérieur d'Italie; Nyst la signale dans le crag d'Anvers; Wood dans celui de Sutton et de Ramsholt.

L'espèce vivante a été rencontrée dans l'océan Atlantique depuis le Groenland jusqu'aux îles Canaries. M. Hidalgo la signale à Trafalgar. Dans la Méditerranée, on l'aurait trouvée, d'après Weinkauff, sur les côtes d'Espagne (Conejera et Gibraltar), mais très rare, ainsi que sur celles des Baléares, de France, de Sardaigne, de Naples, de Sicile, de Malte, de l'archipel grec, de la Tunisie et de l'Algérie. D'après M. Hidalgo, elle vivrait sur les côtes d'Espagne à une profondeur de 35 brasses. M. Fischer l'a draguée dans le golfe du Lion entre 500 et 1,700 mètres.

Genre LIMEA.

Limea strigilata Brocchi.

1814. *Ostrea strigilata* Brocchi, *Conch. foss. subap.*, t. II, p. 571, pl. XIV, fig. 15.

1824. *Lima strigilata* Risso, *Hist. nat. de Nice et des Alpes-Maritimes*, t. IV, p. 306.

Synonymie et diagnose : Hörnes, *op. cit.*, p. 392.

Le seul exemplaire recueilli à San Pedro porte des côtes beaucoup plus fines que ne sont celles des exemplaires figurés. Les stries d'accroissement forment avec les côtes un fin quadrillage. La charnière y est droite; les ailes sont très peu développées. Notre exemplaire se rapproche surtout de la figure donnée par Brocchi.

Dimensions : diamètre antéro-postérieur, $3^{mm},5$; diamètre umbono-marginal, 5 millim.

Gisements. — Hörnes cite cette espèce dans le miocène supérieur du bassin de Vienne, Seguenza dans l'helvétien. Elle est abondante dans le pliocène inférieur d'Italie. D'après Cocconi, on la rencontrerait également dans les sables jaunes du pliocène moyen. A Bologne, Foresti l'aurait trouvée dans l'étage moyen. Elle a été signalée dans le pliocène supérieur de Rhodes.

C'est une espèce qui semble être éteinte actuellement.

Genre MODIOLA.

Modiola phaseolina Philippi.

1844. *Modiola phaseolina* Philippi, *Enum. Mollusc. Sicil.*, t. II, p. 51, pl. XV, fig. 14.

Diagnose : Philippi, *op. cit.*, t. II, p. 51.

Nous avons trouvé plusieurs valves de cette espèce, qui semble être généralement rare. Le plus grand exemplaire a les dimensions suivantes : diamètre antéro-postérieur, $2^{mm},5$; diamètre umbono-marginal, $3^{mm},5$. Cet exemplaire a une forme plus dilatée que celle des fossiles figurés par Wood; les dents s'y montrent sur le bord postérieur.

Gisements. — Le *Modiola phaseolina* apparaît dans le pliocène inférieur d'Italie. Il se rencontre à tous les niveaux du pliocène. M. de Monterosato le signale à Monte Pellegrino et à Ficarazzi; M. Fischer à Rhodes; Wood dans le *coralline crag* de Sutton et de Ramsholt.

On le trouve vivant dans l'Atlantique, sur les côtes d'Islande, de Norvège, de la Grande-Bretagne et de France. Dans la Méditerranée, c'est une espèce très rare. Weinkauff ne la cite guère que sur les côtes de Provence.

Genre ARCA.

Arca tetragona Poli.

1795. *Arca tetragona* Poli, *Test. Sic.*, t. II, p. 137, pl. XXV, fig. 12, 13.

Synonymie et diagnose : Wood, *op. cit.*, p. 76. — Weinkauff, *Mittelsmeere*, p. 192. — Fontannes, *Les Mollusques pliocènes*, etc., p. 151.

Notre exemplaire, qui provient d'un individu jeune, se rapproche beaucoup de la forme figurée par Wood (*op. cit.*, pl. X, fig. 1 c). C'est une espèce assez variable.

Dimensions : diamètre antéro-postérieur, 4 millim.; diamètre umbono-marginal, $1^{mm},5$.

Gisements. — Cette espèce fait son apparition dans le miocène moyen, mais elle n'atteint son extension maxima que dans le pliocène. Cocconi la cite dans les deux étages inférieurs du pliocène de l'Italie; Ponzi dans le niveau supérieur de Monte Mario; Wood la signale dans le *coralline crag* de Sutton, de Ramsholt et de Sudbourn, et dans le *red crag* de Sutton. M. Fontannes l'a recueillie dans les marnes et faluns à *Cer. vulgatum* des environs de Saint-Restitut (Drôme), de Saint-Ariès (Vaucluse); dans les marnes à *Nassa semistriata* des environs de Théziers (Gard). Ce serait une espèce rare dans les argiles sableuses de Millas (Pyrénées-Orientales).

A l'époque actuelle, on la trouve à une profondeur variant de 30 à 45 brasses dans les mers du Nord; on la connaît sur les côtes de Suède, de Norvège, dans l'Atlantique, depuis les côtes d'Angleterre jusqu'aux Açores. Dans la Méditerranée, elle se rencontre à Gibraltar, sur les côtes d'Espagne, de la Provence, de la Corse, de la Sardaigne, de l'Italie méridionale, de Malte, de Pantellaria. On la trouve encore dans l'Adriatique, l'archipel grec (Forbes l'aurait draguée à une profondeur de 80 brasses), sur les côtes de la Tunisie et de l'Algérie. M. Fischer l'a draguée à bord du *Travailleur*, entre 500 et 1,700 mètres.

Arca lactea Linné.

1766. *Arca lactea* Linné, *Systema Naturæ,* ed. XII, p. 1141.
1879. *Barbatia lactea* Fontannes, *Moll. plioc. de la vallée du Rhône et du Roussillon,* t. II, p. 155, pl. IX, fig. 9.

Synonymie et diagnose : Wood, *op. cit.,* p. 78. — Weinkauff, *op. cit.,* t. II, p. 196. — Hörnes, *Wien. tert. Beck.,* t. II, p. 336. — Fontannes, *op. cit.,* p. 155.

Les deux exemplaires de cette espèce que nous avons rapportés d'Andalousie ont une forme un peu plus acuminée que celle de l'exemplaire figuré par M. Fontannes ; ils se rapprochent beaucoup de la figure donnée par Wood (*op. cit.,* pl. X, fig. 2).

Dimensions : diamètre antéro-postérieur, 6 millim.; diamètre umbono-marginal, 3 millim.

Gisements. — Le peu de variations que présente cette espèce permet d'avoir avec certitude l'époque de son apparition : c'est dans le miocène moyen qu'on la rencontre pour la première fois, à la Superga près Turin, en Touraine, en Suisse. M. Fontannes l'a également trouvée dans les sables à *Nassa Michaudi* et dans les marnes à *Cardita Jouanneti* du Dauphiné. Hörnes la cite comme étant commune dans le miocène supérieur du bassin de Vienne. Enfin, dans le pliocène d'Italie, elle se voit partout dans les deux étages inférieurs. M. Fontannes l'a recueillie dans les marnes à *Ostrea cochlear* de Saint-Restitut (Drôme), dans les marnes et faluns à *Cer. vulgatum* des environs de Bollène, de Saint-Ariès (Vaucluse), dans les marnes à *Nassa semistriata* de Saint-Laurent-du-Pape (Ardèche). Elle est très rare dans les argiles sableuses de Millas (Pyrénées-Orientales). Il en est de même dans les argiles de Biot. Wood la cite dans le *coralline crag* de Sutton, dans le *red crag* de Sutton et de Walton on the Naze. Elle a été trouvée dans le pliocène supérieur de Chypre et de Rhodes (Hörnes). Elle passe dans le quaternaire de Biot.

Enfin, actuellement, on la trouve dans l'Atlantique, depuis

l'Angleterre jusqu'au Sénégal, et dans toute la Méditerranée. M. Hidalgo la cite très commune à Gibraltar, à une profondeur variant de 6 à 15 brasses. M. Fischer l'a draguée dans le golfe du Lion entre 500 et 1,700 mètres; elle existe enfin dans la mer Rouge. C'est une espèce de mers profondes, qui vit en général dans des coquilles épaisses ou des massifs de coraux, car c'est une coquille perforante.

Arca Fouquei nov. sp. — Pl. XXII, fig. 6 *a*, *b*.

Coquille transverse, subquadrangulaire, arrondie en avant, subtronquée en arrière, divisée en deux parties inégales par un angle aigu près du crochet, puis arrondi, qui relie les crochets à l'angle inféro-postérieur. Surface externe couverte de costules rayonnantes, arrondies, nombreuses, visibles surtout dans la partie postérieure. Toutes ces costules sont traversées par d'autres, concentriques, arrondies, mais s'atténuant dans la région postérieure, tandis qu'elles prédominent sur le reste de la coquille.

Bord cardinal rectiligne, étroit; charnière composée de nombreuses dents devenant plus fortes et plus obliques du centre aux extrémités. Crochets très petits, très recourbés, obliques. Area ligamentaire très réduite.

Bord antérieur court, arrondi. Bord postérieur allongé, oblique, subrectiligne. Bord marginal uni, un peu oblique par rapport au bord cardinal, faisant un angle aigu avec le bord postérieur. Impressions musculaires grandes, nettement délimitées, bordées en dedans par un pli étroit, saillant. Intérieur de la coquille lisse.

Cette espèce rappelle beaucoup une Arche figurée par Wood et qu'il rapporte à tort à l'*Arca pectunculoides*.

Dimensions : diamètre antéro-postérieur, 7 millim.; diamètre umbono-marginal, 5 millim.

Parmi les espèces qui appartiennent au genre *Arca*, il en est quelques-unes, telles que *Arca pectunculoides* Scacchi, *Arca Frielei* Jeffreys, qui ne présentent de dents qu'aux deux extrémités de la charnière. C'est un groupe d'Arches si distinct des autres que nous croyons devoir le séparer sous le nom générique de *Plesiarca*. Le type de ce sous-genre est l'*Arca pectunculoides* Scacchi.

Plesiarca pectunculoides Scacchi. — Pl. XXII, fig. 7 *a*, *b*.

1834. *Arca pectunculoides* Scacchi, *Ann. Civ. delle due Sicil.*, t. VI, p. 82.

Synonymie et diagnose : Weinkauff, *op. cit.*, t. I, p. 82. — Wood, *op. cit.*, p. 79.

Les très nombreux exemplaires que nous avons rapportés d'Andalousie sont tous conformes à la description et à la figure donnée par Philippi (*op. cit.*, pl. XV, fig. 8). Wood désigne sous le nom d'*Arca pectunculoides* une petite espèce dont il donne deux figures (pl. X, fig. 3 *a* et *b*) qui correspondent pour lui à deux variétés; mais le seul exemplaire auquel il faille conserver le nom de *Plesiarca pectunculoides* est représenté fig. 3 *a*. La variété correspondant à la figure 3 *b* appartient au groupe des *Barbatia*.

Dimensions : diamètre antéro-postérieur, $2^{mm},5$; diamètre umbono-marginal, 2 millim.

Gisements. — D'après Seguenza, le *Plesiarca pectunculoides* apparaîtrait dans le tortonien et se rencontrerait dans tous les niveaux du terrain pliocène. Wood cite les deux variétés qu'il figure comme provenant du *coralline crag* de Sutton. Nyst a trouvé cette espèce dans le crag d'Anvers, mais rare. Philippi dit qu'elle a été trouvée fossile par Scacchi, près de Gravina, en Apulie. M. de Monterosato la signale dans le pliocène supérieur de Monte Pellegrino et de Ficarazzi; M. Fischer l'a reconnue à Rhodes dans ce même niveau.

C'est une espèce qui vit actuellement dans les eaux profondes.
D'après Weinkauff, elle aurait été trouvée à Gibraltar, à Naples et
dans l'archipel grec, à de grandes profondeurs. Dans l'Atlantique,
on la connaît au niveau de l'Écosse, de l'Irlande, de la Norvège,
vivant loin des côtes. Jeffreys (*On the Mollusca of Lightning and
Porcupine expedition*, 1868-1870; *Proceedings of the Zoolog. Soc.
of London*, p. 572) l'a trouvée dans la Méditerranée au niveau
de Carthagène, de Bizerte, du banc de l'Aventure. Il la cite dans
l'océan Atlantique au niveau de Sétubal et de Lerwick, depuis le
détroit de Davis jusqu'au Saint-Laurent (expédition du *Valorous*),
au Spitzberg, aux îles Loffoden (expédition du *Challenger*). La
profondeur à laquelle on la trouve varie de 20 à 1,170 brasses.
M. Fischer a dragué l'espèce typique dans le golfe du Lion entre
500 et 1,700 mètres.

Genre PECTUNCULUS.

Pectunculus Oruetæ nov. sp. — Pl. XXII, fig. 5 *a*, *b*, *c*.

Coquille lisse, présentant des indices de côtes rayonnantes assez
larges, séparées par des sillons peu profonds; lignes d'accroissement irrégulièrement espacées et souvent assez nettement indi-
quées. Côté antérieur arrondi, ne présentant que des indices à
peine visibles des côtes rayonnantes. Côté postérieur subanguleux,
séparé en deux parties inégales par une saillie du test qui part des
crochets et qui est suivie par une dépression assez marquée.

Bord cardinal anguleux, épais. Surface ligamentaire triangulaire,
sans ornement; le sommet de ce triangle ne correspond pas au
milieu de la base, mais il se trouve un peu en arrière. Crochets
étroits, recourbés, proéminents. Lame cardinale épaisse; bord interne de forme anguleuse, dont le sommet se trouve également
en arrière du crochet. Dents fines, non anguleuses, au nombre
de vingt en avant, de dix-huit en arrière; très atténuées à mesure
qu'elles se rapprochent du sommet de l'angle formé par le bord
interne de la lame cardinale, et interrompues en ce point.

Bord inférieur subanguleux en arrière, profondément crénelé. Crénelures au nombre de cinquante à cinquante-cinq, s'atténuant vers les extrémités du bord cardinal.

Impressions musculaires développées et saillantes sur leur bord interne; l'impression du muscle postérieur porte une crête du côté interne.

Par sa forme, le *Pectunculus Oruetæ* se rapproche beaucoup du *Pectunculus violacescens,* qui vit actuellement dans la Méditerranée, mais ces deux espèces se distinguent l'une de l'autre par leur charnière. Dans le *P. violacescens,* les dents sont peu nombreuses, mais grosses, et portées sur un bord cardinal épais; de plus, elles ont une forme anguleuse. Dans le *P. Oruetæ,* les dents sont nombreuses, droites et petites. Les caractères tirés de la charnière sont constants pour chacune de ces deux espèces, bien que toutes deux soient variables de forme.

La forme générale du *P. Oruetæ* rappelle encore celle du *Pectunculus inflatus* Brocchi var. *Ruxinensis* Fontannes; mais la charnière de l'espèce de San Pedro est beaucoup moins épaisse que celle de l'exemplaire figuré par M. Fontannes; l'espace ligamentaire y est aussi moins haut. Les impressions musculaires sont plus saillantes dans l'espèce d'Andalousie.

Dimensions : diamètre antéro-postérieur, 58 millim.; diamètre umbono-marginal, 58 millim.; épaisseur, 42 millim.

Genre LIMOPSIS.

Limopsis anomala Eichwald.

1830. *Pectunculus anomalus* Eichwald, *Naturhistorische Skizze von Lithauen, Volhynien,* etc., p. 211.
1836. *Pectunculus pygmæus* Philippi, *Enumeratio Molluscorum Siciliæ,* t. 1, p. 63, pl. V, fig. 5; t. II, p. 45.
1847. *Limopsis pygmæa* Sismonda, *Syn. meth. Ped. foss.,* p. 15.

Synonymie et diagnose : Wood, *Crag Mollusca,* t. II, p. 71. — Hörnes, *Wien. tert. Beck.,* t. II, p. 312.

D'après Hörnes, il faudrait considérer le *Limopsis pygmœa* Philippi comme synonyme de *L. anomala* Eichwald. Ce dernier auteur n'ayant pas fait figurer son espèce, il faut s'en rapporter à la figure donnée par Hörnes, qui est d'ailleurs, en tous points, conforme à la description et à la figure données par Philippi pour son *Limopsis pygmœa*.

Les exemplaires provenant de San Pedro ne présentent de différences avec les exemplaires figurés que dans les dimensions, qui sont inférieures.

Dimensions : diamètre antéro-postérieur, 4 millim.; diamètre umbono-marginal, 4 millim.

Gisements. — C'est une espèce qui apparaît dans le miocène moyen de la Touraine. Hörnes indique de nombreuses localités du miocène supérieur où elle a été rencontrée. Mais elle est surtout abondante dans le pliocène d'Italie : Foresti la signale dans les deux étages inférieurs de Bologne. Elle se rencontre encore dans les environs de Nice (Depontaillier). Wood la cite dans le *coralline crag* de Sutton; M. Fischer l'a signalée dans le pliocène supérieur de Rhodes.

GENRE LEDA.

Leda consanguinea Bellardi. — Pl. XXII, fig. 8 *a*, *b*.

1875. *Leda consanguinea* Bellardi, *Monografia delle Nuculidi trovati finora nei terreni terziarii del Piemonte e della Liguria,* p. 19, fig. 11.

Bellardi distingue cette espèce de la *Leda commutata* de Philippi, par les caractères suivants : « La coquille est plus petite et plus délicate, moins convexe ; les côtes longitudinales concentriques sont plus petites et plus nombreuses ; la partie postérieure de la coquille est notablement plus étroite, plus longue et plus aiguë, la lunule est comme lisse et carénée. » Nos exemplaires sont en tous points conformes à la figure et à la description que donne Bellardi.

Dimensions : diamètre antéro-postérieur, 4 millim.; diamètre umbono-marginal, 2 millim.

Gisements. — C'est une espèce caractéristique du pliocène inférieur, mais rare, au dire de Bellardi. Elle se trouve au Castelnuovo
d'Asti et à Zinola, près Savone.

Leda Bellardii nov. sp. — Pl. XXIII, fig. 1 *a, b.*

1875. *Leda Hörnesi* Bellardi, *Monografia,* etc., p. 19, fig. 8 *a, b.*

Dans sa *Monografia delle Nuculidi,* Bellardi, passant en revue les
différentes espèces de Nucules appartenant à la sous-famille des
Leda, remarque que l'espèce figurée par Hörnes (*op. cit.,* p. 309,
pl. XXXVIII, fig. 10) sous le nom de *Leda clavata* n'est pas conforme au type désigné par Calcara sous ce même nom (*Mem. sop.
alc. conch. foss. rinvenute nella cont. d'Altavilla, 1841,* p. 33, pl. I,
fig. 10). Il distingue donc l'espèce figurée par Hörnes sous le nom
de *Leda Hörnesi* et il en donne une figure (fig. 8 *a, b*). Mais celle-ci
diffère de celle donnée par Hörnes et correspond à une espèce que
nous avons trouvée à San Pedro de Alcantara et à laquelle nous pro-
posons de donner le nom de *Leda Bellardii.*

Le vrai *Leda clavata* Calcara est propre au pliocène inférieur
et doit être distingué du *Nucula (Leda) cuspidata* Philippi. Mais
ces deux espèces appartiennent au même groupe que le *Leda Bellardii.* Elles ont toutes une forme arquée, des stries concentriques et
deux carènes ornant le rostre et présentant des stries transversales
qui ne sont autre chose que le prolongement des stries d'accroissement.

Le *Leda Bellardii* offre les caractères suivants :

Coquille allongée, arquée, test presque lisse couvert de stries
d'accroissement à peine visibles. Bord antérieur court, bord postérieur allongé, très acuminé, présentant un sillon assez profond par-
tant du crochet et bordé par une partie du test faisant légèrement
saillie. Lunule étroite, très allongée, subsemilunaire, séparée du
sillon postérieur par une côte très nette. La lunule va presque jusqu'à l'extrémité du rostre. Le côté postérieur présente une petite
crête saillante, submédiane, très développée à sa base et qui dis-

paraît progressivement en se rapprochant du crochet. Denticules cardinaux antérieurs au nombre de dix, postérieurs au nombre de dix-neuf.

Dans le *Leda Bellardii* comme dans le *Leda Hörnesi,* le cuilleron est oblique et passe sous la charnière.

Dimensions : diamètre antéro-postérieur, $9^{mm},5$; diamètre umbono-marginal, 4 millim.

Leda Heberti nov. sp. — Pl. XXIII, fig. 2 *a, b.*

Coquille subtrigone, transverse, bombée, subéquilatérale, arrondie en avant, acuminée et rostrée à la partie postérieure. Surface externe lisse vers le crochet, présentant vers le bord marginal des plis d'accroissement régulièrement espacés qui suivent les contours de la coquille.

Bord cardinal étroit, anguleux, sensiblement rectiligne des deux côtés. Charnière composée de dents fines au nombre de onze environ de chaque côté, s'atténuant un peu vers l'angle cardinal où se trouve une fossette ligamentaire subtriangulaire. Crochet très petit, à peine oblique, un peu antérieur, donnant naissance à un pli situé sur la partie postérieure.

Impressions musculaires peu visibles.

Nous n'avons trouvé qu'une valve droite.

Dimensions : diamètre antéro-postérieur, $3^{mm},5$; diamètre umbono-marginal, 2 millim.

Genre YOLDIA.

Yoldia Genei Bellardi. — Pl. XXIII, fig. 3 *a, b.*

1875. *Yoldia Genei* Bellardi, *Monografia delle Nuculidi trovati finora nei terreni terziarii del Piemonte e della Liguria,* p. 24, fig. 21.

D'après Bellardi, cette espèce présente des caractères communs au *Yoldia nitida* Brocchi et au *Yoldia affinis* Bell.

Dimensions : diamètre antéro-postérieur, 7 millim. ; diamètre umbono-marginal, 5 millim.

Gisements. — Bellardi ne cite cette espèce que dans le miocène moyen des environs de Turin à Villa Forzano. C'est une espèce très rare dans la localité miocène ; elle semble être aussi très rare à San Pedro. Nous n'en avons recueilli que deux exemplaires.

Genre CARDIUM.

Cardium multicostatum Brocchi.

1814. *Cardium multicostatum* Brocchi, *Conch. foss. subap.*, p. 5o6, pl. XIII,
      fig. 2.

Synonymie et diagnose : Hörnes, *Wien. tert. Beck.*, p. 179. — Fontannes, *Les Mollusques pliocènes*, etc., t. II, p. 87.

Notre unique exemplaire est en tous points conforme à l'espèce décrite et figurée par Brocchi. Le grand nombre de côtes, les tubercules entre les côtes et rien qu'aux deux extrémités de la charnière, sont des caractères très sensibles sur cet exemplaire.

Les bords de notre exemplaire étant cassés, nous ne pouvons dire quelles étaient ses dimensions.

Gisements. — Cette espèce apparaîtrait, d'après Mayer, dans le miocène inférieur ; elle se rencontre dans le miocène moyen de la Touraine, du bassin du Rhône, de la Suisse. Dans le miocène supérieur, elle est assez rare : Hörnes la cite dans le bassin de Vienne. Elle se rencontre également dans le pliocène inférieur, mais elle caractérise par son abondance le pliocène moyen d'Italie. Ponzi la cite dans le niveau supérieur de Monte Mario et Foresti dans le pliocène moyen de Bologne. Dans le pliocène supérieur, M. Fischer la signale à Rhodes. En France, M. Fontannes la signale dans les marnes et faluns à *Cer. vulgatum* des environs de Saint-Restitut, de Nyons (Drôme), de Saint-Ariès (Vaucluse) et dans les argiles sableuses de Millas et de Banyuls où elle est très rare. M. Fontannes fait remarquer que le *Cardium multicostatum*, bien qu'occupant une aire assez étendue, est cependant localisé dans plusieurs régions du bassin méditerranéen; là où il se rencontre dans le miocène, il manque dans le pliocène, et réciproquement.

Cardium Munieri nov. sp. — Pl. XXIII, fig. 4 *a*, *b*.

Coquille subquadrangulaire. Bord de la partie antérieure arrondi. Surface couverte de stries fines circonscrivant de petites bandes transversales correspondant à une crénelure marginale; la surface médiane et antérieure des valves est brillante. Partie postérieure subanguleuse, large, présentant un sillon peu profond, mais bien indiqué; les stries qui ornent la surface de la partie antérieure y deviennent plus épaisses et se transforment en côtes fines qui tendent à disparaître près du bord cardinal. Elles sont séparées par des sillons dans lesquels se trouvent de petites squames légèrement creuses qui peuvent se détruire facilement et qui ne laissent alors apercevoir que leur base.

Bord cardinal légèrement convexe, partie antérieure un peu relevée sur le crochet. Bord marginal très finement crénelé.

Crochet saillant, submédian, fortement recourbé sur lui-même. Charnière composée de deux dents cardinales réunies ensemble, la postérieure étant plus saillante que l'autre sur la valve droite (la seule que nous ayons trouvée). Dents latérales triangulaires proéminentes.

Impressions musculaires très faiblement marquées. Impression palléale assez éloignée du bord de la coquille.

Dimensions : diamètre antéro-postérieur, 11 millim.; diamètre umbono-marginal, 11 millim.

GENRE LUCINA.

Lucina borealis Linné.

1766. *Venus borealis* Linné, *Systema Naturæ,* ed. XII, p. 1134.
1846. *Lucina borealis* Lovén, *Index Molluscorum Scandinaviæ,* p. 38, n° 279.

Synonymie et diagnose : Wood, *Crag Mollusca,* t. II, p. 139. —

Hörnes, *Wien. tert. Beck.*, p. 229. — Fontannes, *Les Mollusques pliocènes,* etc., t. II, p. 107.

Le seul exemplaire recueilli en Andalousie provient d'un individu jeune. La valve droite, ainsi que le fait remarquer M. Fontannes, porte une dent latérale antérieure acuminée. C'est de la forme figurée par Hörnes (*loc. cit.*, pl. XXXIII, fig. 4 *a*, *c*) que notre exemplaire se rapproche le plus : c'est la forme tronquée à la partie antérieure.

Dimensions : diamètre antéro-postérieur, 6^{mm},5 ; diamètre umbono-marginal, 5 millim.

Gisements. — C'est une espèce qui apparaîtrait dans le miocène moyen de Touraine, de Turin, de Suisse. Elle est rare dans le miocène supérieur du bassin de Vienne. C'est dans le pliocène qu'elle est le plus abondante; on la rencontre dans les deux étages inférieurs, surtout dans le moyen. M. Fontannes la cite dans les marnes à *Cer. vulgatum* de Saint-Ariès (Vaucluse), dans les marnes à *Nassa semistriata* de Théziers (Gard), enfin dans les argiles sableuses de Millas (Pyrénées-Orientales). Wood la dit très abondante dans le *cor. crag* d'Angleterre. On la connaît dans le pliocène supérieur de Rhodes (Fischer) et de Sicile (Monterosato). D'après Hörnes, les exemplaires de cette espèce seraient toujours en petit nombre dans les localités où on les trouve.

L'espèce vivante se trouve sur les côtes d'Islande, des îles Féroë, de Norvège, d'Angleterre, de Hollande, de France, d'Espagne (très rare, selon M. Hidalgo) et de l'Amérique du Nord à une profondeur qui peut atteindre 175 brasses. Dans la Méditerranée le *Lucina borealis* est en décroissance ; c'est une espèce que l'on rencontre rarement sur les côtes du Piémont, de la Corse, de la Sicile et de l'Algérie. Le *Porcupine* l'a recueillie au Capo de Gata et sur le banc de l'Aventure. M. Fischer l'a recueillie entre Oran et Gibraltar, à une profondeur variant de 400 à 900 mètres.

Genre GONILIA Stolizka 1870.

Ce genre a été créé spécialement pour l'espèce à laquelle Philippi a donné le nom de *Lucina bipartita*. La diagnose de Stolizka
est la suivante :

« Shell orbicular, small, hinge with three distinct cardinal teeth
in each valve, surface with angular striæ, no epidermis. » (*Memoirs
of the Geological Survey of India. Cretaceous fauna of Southern India*,
p. 278.)

Gonilia bipartita Philippi. — Pl. XXIII, fig. 5 *a, b*.

1836. *Lucina ? bipartita* Philippi, *Enumeratio Molluscorum Siciliæ*, t. I,
p. 32, pl. III, fig. 21.

Philippi a créé cette espèce sur une seule valve trouvée par lui à
Panormi ; il la rapporte avec doute au genre *Lucina* : c'était la valve
gauche, qui ne porte que deux dents cardinales. Cette espèce est
très commune à San Pedro de Alcantara.

Dimensions : diamètre antéro-postérieur, $3^{mm},75$; diamètre-um-
bono-marginal, 3 millim.

Gisements. — M. de Monterosato l'a trouvée à Monte Pellegrino
et M. Fischer à Rhodes, dans le pliocène supérieur.

M. Fischer l'a draguée entre Oran et Gibraltar à une profondeur
variant entre 400 et 900 mètres.

Genre CRYPTODON.

Cryptodon sinuosum Donovan.

1801. *Venus sinuosa* Donovan, *Natural History of Brit. shells*, pl. XLII,
fig. 2.
1822. *Cryptodon flexuosum* Turton, *Conchylia Insularum Britannicarum*,
p. 121, pl. VII, fig. 9 et 10.
1850. *Cryptodon sinuosum* Wood, *Mollusca from the crag*, t. II, p. 134,
pl. XII, fig. 20.

Synonymie et diagnose : Weinkauff, *Mittelsmeere*, p. 171. —
Wood, *op. cit.*, p. 134.

Quoique de dimensions bien inférieures à celles des exemplaires figurés par Wood, les coquilles recueillies à San Pedro présentent tous les caractères de l'espèce.

Dimensions : diamètre antéro-postérieur, 3 millim. ; diamètre umbono-marginal, 3 millim.

Gisements. — Sous le nom de *Lucina sinuosa,* Hörnes (*op. cit.,* p. 244) figure une espèce très différente de celle en question. Il ne semble pas que le *Cryptodon sinuosum* apparaisse avant l'époque pliocène. Wood le cite dans le *cor. crag* de Sutton. D'autres espèces provenant du pliocène d'Italie ou de la Belgique ont été confondues avec le *Cryptodon sinuosum.* Nous avons comparé les figures de ces différentes espèces, et nous ne pensons pas qu'il faille conserver toute la synonymie de Weinkauff.

C'est une espèce qui atteint son maximum de développement à l'époque actuelle. Weinkauff la cite sur les côtes du Spitzberg, de la Grande-Bretagne, à des profondeurs variant de 3 à 87 brasses ; elle se trouve encore sur les côtes de France, de Portugal et des Canaries. Le même auteur la signale dans la Méditerranée sur les côtes de Provence, du Piémont, de la Corse, de la Sicile, de la Dalmatie, de l'archipel grec, à une profondeur variant de 55 à 95 brasses. Sur les côtes d'Algérie, on la rencontrerait, selon Weinkauff, à une profondeur de 10 brasses et sur des fonds sableux.

Genre MONTACUTA.

Montacuta bidentata Montagu. — Pl. XXIII, fig. 6 *a, b.*

1803. *Mya bidentata* Montagu, *Test. Brit.,* p. 44, pl. XXVI, fig. 5.
1822. *Montacuta bidentata* Turton, *Brit. Biv.,* p. 60.

Synonymie et diagnose : Wood, *op. cit.,* t. II, p. 126.

Nous n'avons trouvé qu'une valve gauche de cette petite espèce, qui est excessivement rare. C'est pour cela que nous avons jugé intéressant de la faire figurer et d'en publier la diagnose d'après Wood :

« Testa minuta, oblongo-ovata, inæquilaterali, lævigata, tenui;

postice abbreviata, obtuse angulata, antice producta, rotundata, vix attenuata, margine ventrali et dorsali leviter arcuatis ; dentibus duobus in utraque valva ; fovea ligamenti media sub umbone demissa.. »

Dimensions : diamètre antéro-postérieur, $2^{mm},5$; diamètre umbono-marginal, $1^{mm},5$.

Gisements. — Cette espèce est connue dans le pliocène d'Angleterre : dans le *cor. crag* de Sutton et de Gedgrave et dans le *red crag* de Walton on the Naze. Seguenza la cite dans le pliocène supérieur d'Italie ; c'est une espèce très rare dans ce terrain. Weinkauff la signale dans le quaternaire d'Irlande.

Elle est également rare à l'époque actuelle. On la cite dans l'Atlantique sur les côtes de Norvège, de la Grande-Bretagne, de France, d'Espagne et de l'Amérique du Nord. Dans la Méditerranée, elle a été rencontrée à une profondeur variant entre 4 et 35 brasses sur les côtes du Piémont, de la Sicile, de l'Algérie, et dans la mer Adriatique. M. Hidalgo la signale, mais rare, à Vigo, à une profondeur de 4 brasses.

Montacuta donacina var. cylindrica Wood.

1840. *Montacuta donacina* var. *cylindrica* Wood, *Cat. of crag shells. Ann. and Mag. Nat. Hist.*

Synonymie et diagnose : Wood, *Crag Mollusca*, t. II, p. 131.
Nous avons trouvé à San Pedro un exemplaire semblable à celui que Wood a figuré sous ce nom. Le savant conchyliologue anglais hésitait s'il devait rapporter cette espèce au genre *Montacuta* ou au genre *Kellya*. C'est Jeffreys qui l'a rangée définitivement parmi les *Montacuta*.

Dimensions : diamètre antéro-postérieur, $3^{mm},5$; diamètre umbono-marginal, $1^{mm},5$.

Gisements. — Wood a trouvé cette espèce dans le *cor. crag* de Sutton.

Jeffreys cite (*Mollusca of Porcupine expedition*) cette même espèce vivante à Falmouth, aux Shetland et à Alger (Joly).

Genre KELLYELLA M. Sars.

Kellyella abyssicola M. Sars. — Pl. XXIII, fig. 7 *a, b*.

Nous n'avons trouvé qu'une valve de cette espèce, la valve gauche. D'après Seguenza (*Le formazione terziarie nella provincia di Reggio* [*Calabria*], *1880*), le *Kellyella miliaris* Philippi serait la forme jeune du *Kellyella abyssicola* Sars. Nous pensons, d'après les figures, que ce sont deux espèces distinctes ; en effet notre exemplaire, qui provient d'un individu jeune, est bien plus voisin de l'espèce de Sars que de celle de Philippi.

Dimensions : diamètre antéro-postérieur, 1 millim. ; diamètre umbono-marginal, 1 millim.

Gisements. — D'après Seguenza, cette espèce apparaîtrait dans le tortonien et se rencontrerait dans tout le pliocène.

M. de Monterosato la cite vivante et abondante dans toute la Méditerranée et à des profondeurs très différentes. M. Sars l'a trouvée dans les mers de Norvège à une profondeur variant de 40 à 650 brasses ; c'est dans les mers du Nord qu'elle est le plus abondante.

Genre ASTARTE.

Astarte triangularis Montagu.

1803. *Mactra triangularis* Montagu, *Test. Brit.*, p. 99, pl. III, fig. 5.
1822. *Goodalia triangularis* Turton, *Brit. Biv.*, p. 77, t. VI, fig. 14.
1853. *Astarte triangularis* Wood, *Mollusca from the crag*, t. II, p. 173, pl. XVIII, fig. 10.

Synonymie et diagnose : Wood, *op. cit.*, p. 173.

Nous n'avons rapporté qu'un seul exemplaire de cette espèce, d'ailleurs assez mal conservé. Bien qu'il soit de très petite taille, en l'examinant à un assez fort grossissement, on peut reconnaître qu'il est bien conforme aux descriptions et aux figures données par Jeffreys (*British Conchology*, t. V, pl. XXXVII, fig. 5), Wood (*op. cit.*, p. 173) et Hörnes (*Wien. tert. Beck.*, p. 282, pl. XXXVII, fig. 1).

Dimensions : diamètre antéro-postérieur, 2 millim.; diamètre umbono-marginal, 1^{mm},5.

Gisements. — Hörnes dit que l'*Astarte triangularis* est très commun dans le miocène supérieur du bassin de Vienne. Il se rencontre dans le pliocène d'Italie, dans le *cor. crag* de Sutton, dans le *red crag* de Walton on the Naze, enfin dans les sables de la Clyde qui appartiennent au quaternaire.

L'espèce vivante a été recueillie aux Shetland, aux Hébrides, à Guernesey, sur les côtes de la Grande-Bretagne, surtout de l'Écosse (Weinkauff), sur les côtes d'Espagne (Hidalgo) et des îles Canaries (Hörnes). On l'a trouvée, mais rare, à Gibraltar, à une profondeur de 8 brasses (Hidalgo) ; dans la Méditerranée à Algésiras, à Cartha-gène, dans la rade de Bizerte, sur le banc de l'Aventure (Jeffreys, *Mollusca of Porcupine expedition*), et sur les côtes de l'archipel grec. M. Fischer l'a draguée dans le golfe du Lion entre 500 et 1,700 mètres.

Genre TURQUETIA Ch. Vélain 1876.

Ce genre étant peu connu, nous croyons utile d'en reproduire la diagnose :

« Coquille mince, transverse, équivalve et très inéquilatérale ; crochets peu saillants ; côté antérieur bien développé ; côté postérieur très court et subtronqué ; charnière étroite et peu développée ; valve droite présentant : 1° une seule dent cardinale rudimentaire et arrondie ; 2° une cavité ligamentaire interne allongée, très étroite, creusée dans l'épaisseur du bord postérieur et située au-dessous de la dent cardinale ; valve gauche portant : 1° une seule dent car-dinale très courte, en avant de laquelle se montre une dépression plus ou moins profonde destinée à loger la dent cardinale de la valve opposée ; 2° une cavité ligamentaire semblable à la précédente ;

ligament interne étroit et allongé; deux impressions musculaires médiocres à peine visibles; impression palléale simple et très peu accusée. »

Turquetia fragilis Ch. Vélain. — Pl. XXIII, fig. 8 *a*, *b*.

1876. *Turquetia fragilis* Ch. Vélain, *C. R. Ac. des sc. Séance du 24 juillet 1876.*
1878. *Turquetia fragilis* Ch. Vélain, *Remarques au sujet de la faune des îles Saint-Paul et Amsterdam*, p. 135, pl. V, fig. 15-17.

Voici la diagnose de cette espèce donnée par M. Vélain :

« Coquille blanche ou légèrement jaunâtre, assez convexe, très inéquilatérale ; côté antérieur allongé et assez régulièrement arrondi ; côté postérieur très court, présentant deux plis transverses peu accusés correspondant aux deux légères sinuosités du bord postérieur ; surface présentant des stries d'accroissement inégalement marquées et en général peu accusées. Les autres caractères conformes à ceux de la description générique. »

Nous n'avons trouvé qu'une seule valve de cette espèce. C'est la valve droite de l'espèce décrite par M. Vélain ; mais elle provient d'un individu très jeune et de formes moins élancées que l'exemplaire figuré par cet auteur.

Dimensions : diamètre antéro-postérieur, $1^{mm},5$; diamètre umbono-marginal, 1 millim.

D'après M. Vélain, cette espèce est très abondante dans les sables de l'île Saint-Paul à une profondeur de 45 à 65 mètres. Il en a trouvé quelques valves sur la côte de l'île Amsterdam.

Genre CRASSATELLA.

Crassatella tenuistria? var. *A* Nyst.

1843. *Crassatella tenuistria* var. *A* Nyst, *Description des coquilles et des polypiers fossiles des terrains tertiaires de la Belgique*, p. 86, pl. IV, fig. 4 *a*, *b*.

Synonymie et diagnose : Nyst, *op. cit.*, p. 86.

En comparant cette petite espèce à celles déjà figurées, nous ne pouvons la rapprocher que de l'espèce à laquelle Nyst (*op. cit.*, pl. IV, fig. 4) a donné le nom de *Crassatella tenuistria* var. *A*. Sa forme est cependant plus arrondie, ses côtes concentriques sont plus grosses que dans l'exemplaire figuré par Nyst; mais il est possible que nous ayons affaire à des individus jeunes ne présentant pas encore tous leurs caractères. Nous lui attribuons donc avec doute le nom de *Cr. tenuistria*.

Dimensions : diamètre antéro-postérieur, 4 millim.; diamètre umbono-marginal, 3 millim.

GENRE PECCHIOLIA Meneghini.

Pecchiolia argentea Mariti.

1797. *Chama argentea* Mariti, *Odeporico*, t. I, p. 324, genre 311, n° 15.
1814. *Chama? arietina* Brocchi, *Conch. foss. subap.*, p. 668, pl. XVI, fig. 13.
1851. *Pecchiolia argentea* Meneghini, *Considerazioni sulla geol. stratigr. della Toscana*, p. 180.

Synonymie et diagnose : Hörnes, *Wien. tert. Beck.*, t. II, p. 168, pl. XX, fig. 4.

M. Meneghini (*Osserv. strat. e paleont. geol. Toscana*, p. 180) a décrit sous le nom générique de *Pecchiolia* des exemplaires qui lui avaient été communiqués par Pecchioli. Il les considère comme plus voisins des genres *Caprotina* et *Requienia* que du genre *Chama* et rétablit également le premier nom spécifique donné par Mariti. Bayan, qui dans son travail *Sur la présence du genre Pecchiolia dans les assises supérieures du lias*[1] donne les renseignements précédents, considère ce genre comme distinct des autres genres de Rudistes. Il dit encore que ce genre est le plus généralement admis; cependant Quenstedt (*Handb. der Petrefact.*, 2° édition,

[1] *Études faites dans la collection de l'École des mines sur des fossiles nouveaux ou peu connus. Lithogr. in-4°, 2° fascicule, p. 157.*

1864, p. 633) en fit, avec Lamarck, un *Isocardia* (*Anim. s. vert.*, t. VI, 1819, p. 31); mais, dès 1847, E. Sismonda (*Syn. meth. an. invert. Ped.*, 2ᵉ édition, p. 18) avait déjà démontré qu'il n'y avait aucun rapport entre les *Pecchiolia* et les *Isocardia*. D'autre part, Wood admit qu'il y avait identité entre ce genre *Pecchiolia* et son genre *Verticordia*; mais M. Stolizka (*Pal. Indica; Pelecypoda*, 1871, p. 225) a fait voir avec raison que le genre *Verticordia* était bien distinct du premier par la présence, sur chaque valve, d'une dent qui fait défaut chez les *Pecchiolia*.

Nous n'avons trouvé que deux exemplaires représentant tous deux la valve droite d'un *Pecchiolia argentea*. Ils sont en tous points conformes aux figures de cette espèce données par les différents auteurs.

Dimensions: diamètre antéro-postérieur, 31 millim.; diamètre umbono-marginal, 31 millim.

Gisements. — D'après Hörnes, cette espèce apparaîtrait dans le miocène supérieur, mais serait très rare dans le bassin de Vienne et à Tortone. C'est dans le pliocène qu'elle est le plus répandue, bien qu'elle y soit encore rare. Cocconi la dit rare à Castell' Arquato, moins rare à Tabiano; Depontaillier la cite comme excessivement rare à Biot. Elle ne semble pas avoir dépassé le pliocène inférieur.

Genre CARDITA.

Cardita corbis Philippi.

1836. *Cardita corbis* Philippi, *Enum. Moll. Sic.*, t. I, p. 55, pl. IV, fig. 19.

Synonymie et diagnose: Nyst, *op. cit.*, p. 216. — Wood, *Crag Mollusca*, p. 268.

Dans nos exemplaires, le crochet est moins pointu, moins écarté de la coquille que dans l'exemplaire figuré par Wood. C'est une espèce assez abondante à San Pedro.

Dimensions : diamètre antéro-postérieur, 6 millim.; diamètre umbono-marginal, 5ᵐᵐ,5.

Gisements. — Peut-être le *Cardita corbis* apparaît-il dans le miocène moyen de Touraine. Nyst l'a trouvé dans les sables noirs
d'Anvers, où il est très rare; l'auteur n'en cite qu'un exemplaire
ayant 2 millimètres de long sur 1 millimètre de large. Wood cite
cette espèce dans le *cor. crag* de Sutton et dans le *red crag* de
Walton on the Naze. Les exemplaires figurés par cet auteur ont
des dimensions plus grandes que ceux de San Pedro; ces derniers
étaient eux-mêmes plus grands que les exemplaires provenant de
la Belgique. Philippi a trouvé cette espèce à Panormi, dans le
pliocène supérieur, mais elle y serait très rare; Seguenza l'aurait
recueillie à Messine dans ce même terrain.

Cette espèce est encore actuellement assez rare. Scacchi l'aurait
trouvée sur les côtes de Naples (Weinkauff). Philippi la signale
sur les côtes de Sicile; elle a été draguée par 35 brasses de profondeur au niveau de Tunis par Mac Andrew. Le *Porcupine* l'a
recueillie sur le banc de l'Aventure. D'Orbigny l'aurait trouvée aux
îles Canaries; Jeffreys la cite dans le golfe de Gascogne (de Folin
et exp. du *Travailleur*).

Genre VERTICORDIA.

Verticordia cardiiformis Wood.

1844. *Verticordia cardiiformis* Wood, m. s.
1850. *Hippagus verticordius* Wood, *Moll. from the crag*, t. II, p. 149, pl. XII,
     fig. 18.
1873. *Verticordia cardiiformis* Wood, *Supplem. Moll. from the crag*, p. 130.

Synonymie et diagnose : Wood, *Supplem. Moll. from the crag*,
p. 130.

Wood, en 1850, lors de la publication du deuxième volume
des *Mollusques du crag d'Angleterre*, disait qu'il avait reconnu que
son genre *Verticordia* était le même que celui auquel Isaac Lea
avait donné le nom d'*Hippagus;* en conséquence, il désignait
l'espèce créée par lui sous le nom de *Hippagus verticordius* et il
la figure sous ce dernier nom (*op. cit.*, p. 149, pl. XII, fig. 18).

Mais en 1873, dans le Supplément à son ouvrage sur le *crag*, il dit (p. 130) qu'en examinant une coquille vivante peu différente de l'espèce pliocène, il reconnut qu'il fallait reprendre l'ancien nom générique de *Verticordia* pour un groupe de bivalves bien distincts des *Hippagus*. Voici d'ailleurs les caractères que Wood attribue à son genre :

« Shell subcircular, equivalved, subequilateral, closed, nacreous; ornamented with radiating costæ or striæ; umbo suspiral or incurved; hinge narrow, with an obtuse tooth in the right valve, and a depression in the left for its reception, lunule small, deep seated, heart shaped; adductor muscles more or less ovate; palleal line simple or without inflexion; connexus cartilaginous, with a very slight extension outside the dorsal margin; an ossicle in the hinge of the living shell. »

Le seul exemplaire recueilli par nous est très usé; cependant il est encore possible d'y reconnaître les principaux caractères de l'espèce de Wood.

Le mauvais état de la coquille ne nous permet pas d'en donner les dimensions.

Gisements. — Wood la cite dans le *coralline crag* de Sutton. L'espèce décrite par Philippi sous le nom d'*Hippagus aculicostatus* (*op. cit.*, t. II, p. 42, pl. XIV, fig. 18) serait la même que celle de Wood ou sinon en serait très voisine au dire de ce dernier auteur. Nous serions plus portés à en faire une espèce distincte.

GENRE VENUS.

Venus ovata Pennant.

1777. *Venus ovata* Pennant, *British Zoology*, 4ᵉ édition, t. IV, p. 206, pl. XCV, fig. 3.

Synonymie et diagnose : Wood, *Crag Mollusca*, t. II, p. 213. — Hörnes, *op. cit.*, t. II, p. 139. — Fontannes, *Les Mollusques pliocènes*, etc., t. II, p. 63.

Nos nombreux exemplaires proviennent tous d'individus jeunes. Bien que ce soit une espèce très variable, au dire de Wood, nos coquilles présentent toutes le même mode d'ornementation ; les seules différences que nous ayons pu constater ne vont pas au delà de ce qui constitue des différences individuelles. Les côtes sont plus ou moins grosses, parfois même quelques-unes prennent un sillon médian. D'autres fois, ce sillon s'accentue au point que l'on croit avoir affaire à deux côtes distinctes ; les stries d'accroissement sont encore plus ou moins marquées, mais ce sont là des caractères qui n'ont rien de constant et qui varient sur un même individu.

Wood a figuré (*loc. cit.,* pl. XIV) deux variétés qui, d'ailleurs, n'ont pas été trouvées dans la même localité. La forme que nous avons rencontrée en Andalousie correspond à la variété à grosses côtes. C'est celle qui vit encore sur les côtes d'Angleterre (Jeffreys, *British Conchology,* t. V, pl. XXXIX, fig. 1). C'est surtout avec la figure donnée par Hörnes (*Wien. tert. Beck.,* pl. XV, fig. 12, p. 139) que nos exemplaires ont le plus d'analogie. Ce dernier auteur indique dans la synonymie de cette espèce le *Venus spadicea* de Renieri, figuré par Nyst (*Coquilles et polypiers fossiles de la Belgique,* pl. XI, fig. 3), mais l'espèce de Renieri doit rester distincte. Brocchi avait donné au *Venus ovata* le nom de *Venus radiata* ; c'est encore sous ce dernier nom que Philippi le cite ; mais la figure qui se trouve dans l'ouvrage de Brocchi (*Conch. foss. subap.,* pl. XIV, fig. 3) correspond bien au *Venus ovata* Pennant, et le nom de *Venus radiata* Brocc. doit tomber en synonymie.

Dimensions : les plus grands exemplaires ont les dimensions suivantes : diamètre antéro-postérieur, 9 millim. ; diamètre umbono-marginal, 7^{mm},5.

Gisements. — M. Fontannes donne avec doute l'époque aquitanienne comme étant celle de l'apparition de cette espèce, mais Hörnes la signale dans le miocène moyen de Touraine, de Dax, de Suisse, de Grund, Steinabrünn, Gainfahren où elle est commune. Dans le pliocène, sa présence a été constatée en maintes localités.

Brocchi en a figuré un exemplaire provenant de la vallée d'Andona ;
Cocconi signale deux variétés au Riorzo dans les sables jaunes du
pliocène moyen. M. Fontannes a reconnu la coexistence des deux
formes citées par Wood dans la France méridionale ; il les signale
dans les faluns à *Cer. vulgatum* et dans les marnes à *Nassa semistriata* d'Eurre, de Saint-Restitut, de Nyons (Drôme), de Bollène
(Vaucluse), de Théziers (Gard). Dans les argiles sableuses de Millas
et de Banyuls, elle est très commune. M. Fontannes fait remarquer
que le *Venus ovata* n'apparaît dans la vallée du Rhône que dans les
formations littorales du pliocène inférieur. Depontaillier l'a trouvé
très commun à Biot dans le pliocène inférieur, commun à Cannes
dans le pliocène moyen. Wood a signalé la variété à côtes fines
dans le *coralline crag* de Gedgrave et l'autre dans le *red crag* de
Sutton. D'après Weinkauff, on aurait rencontré le *Venus ovata* dans
le pliocène supérieur en Sicile, en Calabre, dans l'île de Cépha-
lonie, dans l'île de Rhodes et en Morée.

Wood le signale vivant sur les côtes d'Angleterre et de Scandi-
navie ; Weinkauff le cite dans l'Atlantique sur les côtes de France,
M. Hidalgo sur les côtes d'Espagne et de Portugal depuis les
Asturies jusqu'à Cadix et Trafalgar, Deshayes sur la côte ouest
du Maroc. Dans la Méditerranée, cette espèce abonde sur les côtes
d'Espagne, de Gibraltar, de Capo de Gata, de Carthagène, des
îles Baléares, sur le banc de l'Aventure, sur les côtes de France,
de Corse, de Sardaigne et de Sicile, dans la mer Adriatique et
l'archipel grec, sur les côtes de Tunisie et d'Algérie. Cette espèce
vivante aurait été pêchée à des profondeurs assez variables : à
15 brasses, selon M. Hidalgo ; de 0 à 1,083, selon Jeffreys. Weinkauff l'aurait trouvée à une profondeur de 40 brasses. Mac Andrew donne comme profondeur habituelle 35 brasses ; Forbes et
Hanley indiquent une profondeur de 100 brasses ; Jeffreys, d'après
Bechey, l'aurait pêchée à 145 brasses. La plus grande profondeur
à laquelle on l'ait rencontrée est celle de 2,000 mètres, d'après
M. Milne Edwards, entre Cagliari et Bône. M. Fontannes a remarqué
que le *Venus ovata* fossile ne se trouvait que dans des formations

de rivage, particulièrement dans des dépôts plus ou moins sableux.
Il y aurait là deux faits en contradiction qui mériteraient d'être
vérifiés.

Venus plicata Gmelin.

1790. *Venus plicata* Gmelin, *Linnæi Systema Naturæ*, ed. XIII, p. 3276.

Synonymie et diagnose : Hörnes, *op. cit.*, t. II, p. 183. — Fontannes, *Les Mollusques pliocènes*, etc., t. II, p. 52.

Le seul individu rapporté de San Pedro est très voisin de la figure que Hörnes donne de cette espèce, mais il diffère de la forme figurée par M. Fontannes par la présence de côtes fines entre les grosses côtes. Mais il est un caractère constant, quelle que soit la provenance des individus, c'est la présence de lamelles formant une saillie anguleuse, subépineuse, de moins en moins accentuée sur la partie inférieure des valves. Notre unique exemplaire provenant d'un individu jeune, il se peut que tous les caractères spécifiques ne s'y trouvent pas représentés ; nous n'osons donc pas le rapporter à une variété plutôt qu'à une autre ; en tout cas, il laisse voir tous les caractères généraux qui distinguent le *Venus plicata* des autres espèces de ce genre.

Dimensions : diamètre antéro-postérieur, 7 millim. ; diamètre umbono-marginal, 6 millim.

Gisements. — En faisant abstraction des variétés plus ou moins nombreuses que l'on pourrait grouper autour de la forme typique, on peut dire que cette espèce apparaît dès le miocène moyen. Hörnes la cite en Suisse dans l'helvétien, à ce même niveau à Grund, Gainfahren, etc., dans le bassin de Vienne, dans les faluns de Dax et de Léognan. Il la signale également dans le miocène supérieur. Brocchi indique de nombreuses localités où elle a été trouvée dans le pliocène inférieur. Cocconi lui attribue une grande extension verticale : il dit qu'on la connaît dans les trois étages pliocènes. D'après lui, la forme figurée par Brocchi, et qui constitue une variété, est caractéristique du pliocène. M. Fontannes a très rarement rencontré le *Venus plicata* dans le pliocène de la vallée du Rhône et du Roussillon. Il le signale dans les marnes et faluns à *Cer. vulgatum* des environs de Chabeuil, de Nyons (Drôme), de Bollène, de Visan-les-Bordeaux (Vaucluse), ainsi que dans les argiles sableuses de Millas (Pyrénées-Orientales). Par le petit nombre d'auteurs qui citent le *Venus plicata*, il semble bien que ce soit une espèce rare. Les étages où on en connaît le plus d'exemplaires sont le miocène moyen et supérieur et le pliocène inférieur.

Cependant c'est une espèce qui vit actuellement dans la mer des Indes et sur les côtes du Sénégal. M. Fontannes, qui a comparé entre eux les types fossiles et les types vivants, trouve que les modifications qui se sont produites dans cette espèce ont toujours été en s'accentuant dans le même sens; c'est ainsi qu'en se rapprochant de la période actuelle les lamelles deviennent plus espacées et plus régulières; le sinus palléal devient plus large.

Genre TELLINA.

Tellina balaustina Linné.

1767. *Tellina balaustina* Linné, *Systema Naturæ*, ed. XII, p. 1119.

Synonymie et diagnose : Wood, *Crag Mollusca*, t. II, p. 227.

Bien que nos deux exemplaires soient plus petits que ceux figurés par Wood, les caractères qu'on peut y reconnaître sont les mêmes. C'est le même mode d'ornementation que celui de la figure 4 *d* de la planche XXI. L'un de ces deux exemplaires, le plus grand, a été roulé et a perdu, en partie, les lamelles saillantes qui correspondent aux stries d'accroissement.

Dimensions : diamètre antéro-postérieur, 15 millim.; diamètre umbono-marginal, 11 millim.

Gisements. — Cette espèce apparaît seulement dans le pliocène. Wood la cite dans le *coralline crag* de Sutton. Philippi la signale également dans le pliocène d'Italie, surtout en Sicile. Elle appartient dans cette dernière région au pliocène supérieur.

Comme espèce vivante, elle n'est pas moins rare que comme espèce fossile. Wood dit que le *Tellina balaustina* est localisé sur les côtes d'Espagne, de France, du Piémont, de la Corse, de Naples, de la Sicile, de Tarente, de la Morée, de l'archipel grec, de l'Algérie, dans la mer Adriatique. M. Hidalgo le cite sur les côtes d'Espagne à Rosas, Carthagène et Gibraltar. C'est une espèce rare, qui aurait été trouvée à une profondeur de 20 brasses. D'après Weinkauff, elle se rencontrerait entre 6 et 50 brasses. Le *Porcupine* en a recueilli des exemplaires au Capo de Gata. Jeffreys cite, comme gisements dans l'Atlantique, les côtes d'Angleterre, des Shetland, de Guernesey, le golfe de Biscaye, les côtes du Maroc, les îles Madère et Canaries; d'après lui, la profondeur à laquelle on a trouvé le *Tellina balaustina* serait de 2 à 130 brasses. Weinkauff cite encore cette espèce sur les côtes d'Islande.

Genre SYNDOSMYA.

Syndosmya alba Wood.

1802. *Mactra alba* Wood, *Transact. Soc. Linn.*, t. VI, pl. XVI, fig. 9.
1848. *Syndosmya alba* Deshayes, *Traité élémentaire de conchyliologie*, p. 353,
　　　pl. VIII *bis*, fig. 6-8.

Synonymie et diagnose : Weinkauff, *Mittelsmeere*, t. 1, p. 51.—
Wood, *op. cit.*, t. II, p. 237. — Fontannes, *op. cit.*, t. II, p. 44.

C'est une espèce abondante à San Pedro; elle y présente une forme très voisine de celle de l'exemplaire provenant de Grund et figuré par Hörnes; elle est plus arrondie en avant et plus sinueuse en arrière que l'exemplaire figuré par Brocchi.

Dimensions : les plus grands exemplaires présentent les dimensions suivantes : diamètre antéro-postérieur, 15 millim.; diamètre umbono-marginal, 9 millim.

Gisements. — Foresti le cite dans les deux étages inférieurs de Bologne. D'après Depontaillier, ce serait une espèce commune dans les marnes bleues du pliocène inférieur de Biot. M. Fontannes donne comme gisements les marnes à *Cer. vulgatum* de Mirabel (Drôme), de Saint-Ariès (Vaucluse), les marnes à *Pecten Comitatus* de Bourg-Saint-Andéol (Ardèche), les marnes à *Nassa semistriata* de Saint-Restitut (Drôme), les argiles sableuses de Millas. C'est toujours une espèce rare. Wood l'a trouvée dans le *cor. crag* de Sutton, dans le *red crag* de Sutton, Bawdsey, Walton on the Naze. D'après Seguenza, elle se rencontre à tous les niveaux du pliocène. Le *Syndosmya alba* est également une espèce quaternaire. Wood le cite, sous le nom d'*Abra alba,* dans les sables de la Clyde; Depontaillier l'a reconnu dans le quaternaire de Biot.

Enfin, c'est une espèce vivant encore dans l'océan Atlantique depuis les côtes d'Angleterre jusqu'à celles du Maroc. M. Hidalgo la dit commune sur les côtes des Asturies et à Cadix; elle vivrait à une profondeur de 10 brasses. Dans la Méditerranée, on la signale dans les lagunes des côtes, notamment à Fusaro (Philippi).

Genre CORBULA.

Corbula gibba Olivi.

1792. *Tellina gibba* Olivi, *Zoologia adriatica*, p. 101.
1818. *Corbula nucleus* Lamarck, *An. sans vert.*, t. V, p. 496, n° 6.
1854. *Corbula gibba* Bronn, *Lethæa geognostica*, t. III, p. 414, pl. XXXVII, fig. 7.

Synonymie et diagnose : Bronn, *op. cit.*, p. 414. — Nyst, *Coquilles et polypiers fossiles de la Belgique*, p. 65. — Wood, *op. cit.*, t. II, p. 274. — Hörnes, *Wien. tert. Beck.*, t. II, p. 34. — Weinkauff, *op. cit.*, t. I, p. 25. — Fontannes, *Les Mollusques pliocènes,* etc., t. II, p. 16.

Les exemplaires que nous avons recueillis en Andalousie sont conformes au type figuré par Nyst (*op. cit.*, pl. III, fig. 3) et par M. Fontannes (*op. cit.*, pl. I, fig. 16-19). Les différents auteurs qui ont donné la synonymie du *Corbula gibba* y ont rapporté plusieurs espèces qui semblent n'en être que des variétés. C'est, en effet, une forme assez variable, ainsi que M. Fontannes a pu le constater dans les différents gisements du pliocène du midi de la France.

Cette espèce, comme toutes les Corbules, présente des différences assez sensibles entre ses deux valves. Philippi (*Enum. Moll. utriusque Siciliæ*, t. I, p. 16) fait très bien ressortir ces différences : la valve droite est plus gibbeuse, avec des saillies transversales beaucoup plus fortes; la gauche a des stries plus ténues et porte souvent quelques lignes rayonnantes. Reeve a remarqué que la forme provenant de la Méditerranée est moins rostrée que celle de l'Atlantique. En comparant nos exemplaires aux figures données par Reeve (*Conchol. iconica*, t. II, pl. II, fig. 10 *a*) et par M. Hidalgo (*Moluscos marinos de España, Portugal y las Baleares*, pl. XXVI, fig. 6, 7), nous avons vérifié que nous avions recueilli le type méditerranéen.

Dimensions : diamètre antéro-post., 6^{mm},5; diamètre umbonomarginal, 5^{mm},5.

Gisements. — Son apparition daterait de l'aquitanien d'après Seguenza; cependant cette espèce n'est citée que dans des dépôts appartenant au moins au miocène moyen : ce sont les faluns de Dax et de la Touraine, les faluns de la Suisse et de Turin. Hörnes la cite dans le miocène supérieur du bassin de Vienne (Weinkauff). Mais c'est une espèce abondante surtout dans le pliocène; d'après Seguenza, elle se rencontrerait dans tous les étages. Brocchi la cite sous son nom primitif de *Tellina gibba* dans le pliocène inférieur des environs d'Asti; Cocconi la dit très abondante à Castell' Arquato; Foresti la signale dans les deux étages inférieurs de Bologne; d'après Depontaillier, elle serait très commune dans le pliocène inférieur de Biot et dans le pliocène moyen de Cannes. M. Fontannes l'a recueillie dans les marnes à *Nassa semistriata* du Péage-de-Roussillon, de Horpieux (Isère), de Hauterives, de Fay-d'Albon, de Marsas, de Chabeuil, d'Eurre, de Saint-Restitut, de Nyons (Drôme), de Bollène, de Bouchet, de Saint-Saturnin (Vaucluse), d'Andance (Ardèche), de Saint-Christophe (Bouches-du-Rhône), dans les argiles sableuses de Millas et de Banyuls (Pyrénées-Orientales). C'est une espèce très commune. Bayle l'aurait trouvée dans le pliocène d'Algérie; Philippi et Monterosato la citent dans le pliocène

supérieur de Sicile et de Tarente. Elle se rencontrerait également
dans le pliocène supérieur de Cos, de Chypre et de Rhodes (Fischer), ainsi que dans le quaternaire de Norvège.

L'espèce vivante a été recueillie à différentes profondeurs dans
la Méditerranée, sur les côtes de la Provence, du Piémont, de la
Corse, de la Sardaigne, de la Sicile, de Malte, de Pantellaria, des
Baléares; elle est fréquente dans l'archipel grec et dans l'Adriatique. M. Hidalgo la dit commune sur les côtes d'Espagne (Malaga, Gibraltar, Cadix) et sur les côtes de l'océan Atlantique. Dans
l'Atlantique, elle remonterait jusqu'aux côtes de Norvège et des-
cendrait jusqu'au Maroc et aux îles Canaries.

Corbula ? hispanica nov. sp. — Pl. XXIII, fig. 9 *a*, *b*, *c*, *d*.

Cette petite espèce appartient au groupe des *Corbula;* elle se
rapproche beaucoup des *Erodona* (anciens *Lasara*) par la forme
de son apophyse ligamentaire. Comme il semble que nos exemplaires proviennent d'individus jeunes, nous n'osons pas créer un
nouveau genre pour eux.

Diagnose : Coquille lisse, brillante, inéquilatérale, inéquivalve,
la valve droite plus grande que la valve gauche. Ligament interne.
Valve droite présentant une cavité ligamentaire située près du crochet et délimitée en avant par une dent cardinale antérieure peu
accusée. Bord antérieur présentant un sillon assez allongé qui part
du crochet. Bord cardinal postérieur présentant la même disposition. Un sillon circummarginal assez rapproché du bord indique
que la valve opposée est plus petite. Valve gauche présentant un
ligament interne situé sur une apophyse cardinale, dressée, saillante et disposée comme chez le *Corbula gallica*. Bord cardinal postérieur présentant un denticule arrondi et nettement délimité.
Cavité cardinale triangulaire destinée à recevoir la dent triangulaire de la valve opposée. Bord postérieur légèrement réfléchi de
manière à présenter un sillon extérieur qui le sépare du reste de
la surface du test. Impression palléale anguleuse du côté postérieur.

IMPRIMERIE NATIONALE.

Les deux valves figurées n'appartiennent pas au même individu; nous avons trouvé plusieurs valves droites de dimensions bien inférieures à celles du seul exemplaire de valve gauche que nous avons recueilli.

Dimensions : le plus grand exemplaire recueilli est une valve gauche présentant les dimensions suivantes : diamètre antéro-postérieur, 3 millim.; diamètre umbono-marginal, $2^{mm},5$. Les quatre autres exemplaires qui correspondent à des valves droites ont des dimensions beaucoup plus petites; mais, comme elles ne correspondent pas à la valve gauche, il n'y a aucun intérêt à donner leurs dimensions.

Genre SAXICAVA.

Saxicava arctica Linné.

1766. *Mya arctica* Linné, *Systema Naturæ*, ed. XII, p. 1113.
1836. *Saxicava arctica* Philippi, *Enum. Mollusc. Sic.*, t. I, p. 20, pl. III, fig. 3.

Synonymie et diagnose : Nyst, *op. cit.*, p. 95.— Wood, *Crag Mollusca*, t. II, p. 287. — Weinkauff, *Mittelsmeere*, t. I, p. 20. — Hörnes, *op. cit.*, t. II, p. 24.— Cocconi, *Enum. sistem.*, p. 257.

C'est une espèce présentant un grand polymorphisme. De tous les exemplaires figurés par les différents auteurs sous le nom de *Saxicava arctica,* il n'y a que celui représenté par Nyst (*op. cit.,* p. 95, pl. III, fig. 15) auquel nous puissions assimiler nos exemplaires. Ils semblent n'avoir rien de commun avec ceux du bassin de Vienne figurés par Hörnes. Cette espèce est commune à San Pedro.

Dimensions : diamètre antéro-postérieur, $4^{mm},5$; diamètre umbono-marginal, 2 millim.

Gisements. — M. Fontannes dit que cette espèce apparaît dans le tongrien. Les localités citées par Hörnes sembleraient indiquer son apparition dans l'helvétien : il la signale en effet à Gainfahren, Steinabrünn, Grund et Turin. Le *Saxicava arctica* passe dans le miocène supérieur. Mais c'est une espèce caractéristique surtout du pliocène : Seguenza la signale en Italie dans tout ce terrain. Wood la cite dans le *cor. crag* et le *red crag* de Sutton; Nyst dans le crag noir d'Anvers. Dans le bassin méditerranéen, c'est une espèce qui se rencontre, sous un grand nombre de variétés, dans le pliocène inférieur d'Asti. Foresti l'a trouvée dans le pliocène moyen de Bologne; il la cite à Monte Mario, ainsi que dans un grand nombre de localités d'Italie. Depontaillier la dit assez rare dans le pliocène inférieur de Biot, et très rare dans l'étage moyen de Cannes. M. Fontannes la cite dans les marnes à *Nassa semi-striata* des environs de Théziers (Gard), de Saint-Laurent-du-Pape (Ardèche), où elle est commune, dans les marnes et faluns à *Cer. vulgatum* de Saint-Restitut (Drôme), de Visan (Vaucluse), où elle est rare; il l'a trouvée soit dans des galets, soit dans des coquilles d'huîtres et de spondyles. M. de Monterosato l'a signalée dans le pliocène supérieur de Monte Pellegrino et de Ficarazzi; Hörnes l'a citée dans ce niveau à Rhodes.

Cette espèce vivante a été recueillie dans l'Atlantique depuis les côtes du Groenland jusqu'au cap de Bonne-Espérance. C'est dans les mers du Nord qu'elle est le plus abondante. Dans la Méditerranée, on l'a recueillie sur tout le littoral. M. Hidalgo la cite notamment à Carthagène et à Gibraltar. M. Fischer l'a recueillie à une profondeur variant de 400 à 900 mètres entre Oran et Gibraltar.

Genre DIGITARIA Wood.

Digitaria digitaria Linné. — Pl. XXIII, fig. 10 *a*, *b*.

1767. *Tellina digitaria* Linné, *Systema Naturæ*, ed. XII, p. 1120, n° 71.
1818. *Lucina digitalis* Lamarck, *Anim. s. vertèbres*, t. V, p. 544.
1853. *Astarte digitaria* Wood, *The Crag Mollusca*, t. II, *Bivalves*, p. 190,
     pl. XVII, fig. 8 *a*, *b*, *c*.
     Digitaria vulgaris Wood, *The Crag Mollusca*, t. II, *Bivalves*, p. 190.
1858. *Woodia digitaria* Deshayes, *Anim. s. vertèbres du bassin de Paris*, t. I,
     p. 790.
1873. *Woodia digitaria* Wood, *Suppl. to The Crag Mollusca*, p. 140, pl. X,
     fig. 8 *a*.

Synonymie et diagnose : Wood, *op. cit.*, t. II, p. 190. — Weinkauff, *op. cit.*, t. I, p. 126.

Cette espèce a reçu plusieurs noms génériques qui sembleraient la rattacher à des groupes de bivalves bien différents les uns des autres. Cela tient à ce que certains de ses caractères lui sont communs avec plusieurs genres, bien que d'autres caractères la distinguent très nettement de ces mêmes genres. Wood l'avait d'abord rapprochée des *Astarte;* mais, frappé de l'ensemble de ses caractères, il avait cru pouvoir lui donner dans sa collection le nom de *Digitaria vulgaris*, et il en faisait un groupe à part. Cette espèce a été distinguée par Deshayes (*Anim. s. vertèbres du bassin de Paris,* t. I, p. 790) sous le nom de *Woodia digitaria;* mais, l'auteur anglais ayant la priorité, il faut conserver à cette espèce le nom générique de *Digitaria*.

Les caractères du genre reposant sur la structure de la charnière, nous avons cru devoir la faire figurer et la décrire de nouveau après Wood.

Valve gauche : deux dents cardinales également divergentes, séparées par une fossette bien développée, subtrigone. Dent cardinale antérieure un peu plus développée que la postérieure. Dent latérale antérieure simple, saillante, assez allongée, séparée du bord par une fossette peu profonde. Deux dents latérales postérieures, l'interne assez développée, l'externe moins développée, visible surtout chez les exemplaires de grande taille.

Valve droite : deux dents cardinales, la postérieure médiane, trigone, très grande, l'antérieure peu développée, allongée, surbaissée, presque rudimentaire et submarginale. Deux dents latérales antérieures, séparées par une fossette assez longue et profonde, l'externe étant presque confondue avec le bord de la coquille. Dent latérale postérieure assez saillante, nettement séparée du bord postérieur.

La présence d'une grosse dent cardinale a fait rapporter cette espèce au genre *Astarte*; mais la grosse dent des *Astarte* est simple, sans ornement, très saillante; celle des *Digitaria* présente une dépression triangulaire centrale et ne se dresse pas en avant de la charnière. Dans les *Digitaria*, les deux dents latérales ont sensiblement la même forme et la même disposition; elles sont indépendantes des dents cardinales; dans les *Astarte*, la dent latérale antérieure fait suite aux dents cardinales; la dent latérale postérieure est indépendante.

Les dents latérales des *Lucina* et des *Digitaria* permettraient, à elles seules, de distinguer ces deux genres : en effet, chez les *Lucina*, la dent latérale antérieure est beaucoup plus courte que la dent latérale postérieure; chez les *Digitaria*, elles sont sensiblement égales et de même forme; chez les premières, la dent latérale postérieure fait suite aux dents cardinales; chez les *Digitaria*, elle est indépendante. Bien que caractéristiques du genre, les dents latérales des *Digitaria* ont échappé à la plupart des auteurs.

C'est une espèce toujours de petite taille. Les exemplaires que nous avons recueillis étant un peu usés, nous avons fait figurer un type d'ailleurs identique aux nôtres, mais mieux conservé et permettant de voir tous les caractères importants. Ces exemplaires figurés proviennent du pliocène de Douerah; ils ont été communiqués à la Sorbonne par M. Hagenmuller.

Dimensions : diamètre antéro-postérieur, 4 millim.; diamètre umbono-marginal, 3^{mm},5.

Gisements. — Bastérot aurait trouvé le *Lucina digitalis* Lamarck dans les faluns de Bordeaux; mais Deshayes, qui rapporte le fait, pense qu'il doit y avoir une erreur et qu'il s'agit sans doute d'une autre espèce.

Le *Digitaria digitaria* Linné semble n'apparaître que dans le pliocène. Wood le cite en Angleterre dans le *coralline crag* et dans le *red crag* de Walter et de Sutton. M. de Monterosato l'a trouvé à Monte Pellegrino et à Ficarazzi; M. Fischer l'a signalé à Rhodes. Wood l'a recueilli dans le glaciaire de Hopton.

Cette espèce vit encore; mais, d'après Wood, dans les exemplaires vivants, la charnière serait un peu plus épaisse que dans les exemplaires fossiles. D'après M. Hidalgo, elle se trouve dans l'Atlantique, sur les côtes d'Espagne. Le *Porcupine* l'a draguée dans ces mêmes régions. Jeffreys la signale sur les côtes de Cornouailles. Dans la Méditerranée, M. Hidalgo et Jeffreys (d'après les dragages du *Porcupine*) la citent sous le nom de *Woodia digitaria* à Gibraltar, aux îles Baléares, au banc de l'Aventure, dans la rade de Bizerte et dans l'Adriatique. Weinkauff la signale dans les gisements méditerranéens à une profondeur variant de 10 à 40 brasses. Jeffreys indique comme termes extrêmes 10 et 600 brasses.

Genre POROMYA.

Poromya granulata Nyst et Westendorp.

1830. *Corbula granulata* Nyst et Westendorp, *Nouvelles recherches sur les coquilles fossiles d'Anvers*, p. 6, pl. III, fig. 3.
1867. *Poromya granulata* Weinkauff, *Die Conchylien des Mittelmeeres*, t. I, p. 30.

Synonymie et diagnose : Nyst, *Coquilles et polypiers fossiles de la Belgique*, p. 71. — Weinkauff, *op. cit.*, t. I, p. 30. — Wood, *Crag Mollusca*, t. II, p. 260.

Nous avons recueilli plusieurs exemplaires de cette espèce; mais tous sont fort mal conservés à cause de la fragilité du test. Un seul cependant nous a présenté la charnière avec la dent

caractéristique; le test est finement granulé et présente la forme
générale de l'exemplaire figuré par Nyst (*Coq. et polyp.*, etc.,
pl. II, fig. 6).

Aucun de nos exemplaires n'étant complet, nous ne pouvons
donner de dimensions exactes.

Gisements. — C'est une espèce rare dans le pliocène; Wood la
cite dans le *coralline crag* de Ramsholt, de Sutton et de Gedgrave;
Nyst l'a reconnue dans le crag d'Anvers. M. de Monterosato la cite
dans le pliocène supérieur à Monte Pellegrino et à Ficarazzi.

Comme espèce vivante, elle est très répandue; d'après Forbes,
elle vit à de grandes profondeurs sur les côtes des Cyclades et de
l'Asie Mineure; il l'aurait draguée à 150 brasses dans l'archipel
grec. Jeffreys l'a trouvée près de l'île de Skyo à 50 brasses. Enfin
elle se rencontrerait sur les côtes de Norvège, du nord de l'Écosse,
et dans l'Atlantique jusqu'à Madère. M. Fischer l'a draguée à bord
du *Travailleur,* entre Oran et Gibraltar, à une profondeur variant
entre 400 et 900 mètres.

BRACHIOPODES.

Genre TEREBRATULA.

Terebratula Philippii Seguenza.

1871. *Terebratula Philippii* Seguenza, *Studii paleontologici sui Brachiopodi
    terziarii dell' Italia meridionale. Bulletino malacologico Italiano,*
    anno IV. — *Extrait,* p. 54, pl. IV, fig. 8.

Cette espèce appartient au groupe de Térébratules que l'on a
longtemps confondues sous le nom de *Terebratula ampulla.* Notre
exemplaire, qui provient d'un individu jeune, diffère un peu du
type figuré par Seguenza : il a une forme moins dilatée, et les
deux arêtes dorsales y sont moins accusées.

Dimensions : longueur, 26 millim.; largeur, 22 millim.; épaisseur, 12 millim.

Gisements. — Seguenza a trouvé le type de son espèce dans le
pliocène inférieur de la Calabre.

RADIOLAIRES.

M. Schlumberger, dont la compétence est si grande en ce qui concerne les Foraminifères, a reconnu parmi ceux que nous avons rapportés les espèces suivantes :

Spiroloculina badenensis ? d'Orb.

1846. D'Orbigny, *Foraminifères du bassin de Vienne*, p. 270, pl. XVI, fig. 13-15. — Rare à San Pedro.

Spiroloculina canaliculata d'Orb.

Ibid., p. 269, pl. XVI, fig. 10-12. — Rare.

Spiroloculina excavata d'Orb.

Ibid., p. 271, pl. XVI, fig. 19-21. — Assez rare.

Biloculina lunula d'Orb.

Ibid., p. 264, pl. XV, fig. 22-24. — Commun.

Biloculina sphæra d'Orb.

Ibid., p. 66, pl. VIII, fig. 13-16. — M. Brady l'a figuré de nouveau dans *Report on the sc. results of the exploring voy. of H. M. Challenger*, p. 14, pl. II, fig. 4. — Rare.

Biloculina n. sp.

Du groupe de *Biloculina buloides.* — Très rare.

Triloculina cf. angularis d'Orb.

1825. D'Orbigny, *Ann. des sc. nat.*, p. 133. — Très rare.

Quinqueloculina Buchiana d'Orb.

1846. D'Orbigny, *Foraminifères du bassin de Vienne*, p. 289, pl. XVIII, fig. 10-12. — Très commun.

Adelosina pulchella d'Orb.

Ibid., p. 303, pl. XX, fig. 25-30. — Très commun.

Orbulina universa d'Orb.

Foraminifères du bassin de Vienne, p. 22, pl. I, fig. 1. — Rare.

Dentalina elegans d'Orb.

Ibid., p. 45, pl. I, fig. 52-56. — Très rare.

Dentalina guttifera d'Orb.

Ibid., p. 49, pl. II, fig. 11-14. — Très rare.

Dentalina obliqua Linné.

M. Brady a reproduit cette espèce (*Report on the sc. results . . . of Challenger*, p. 513, pl. LXIV, fig. 20-22). — Rare.

Nodosaria bacillum Defr.

1830. Defrance, *Dictionnaire des sc. nat., Planches-Zoologie*, pl. XIII, fig. 4. — D'Orbigny l'a figuré de nouveau dans son travail sur les *Foraminifères du bassin de Vienne*, p. 40, pl. I, fig. 40-49. — Très rare.

Cristellaria ariminensis d'Orb.

1846. *Foraminifères du bassin de Vienne*, p. 95, pl. IV, fig. 8, 9. — Très rare.

Cristellaria calcar d'Orb.

Ibid., p. 99, pl. IV, fig. 18-20. — Commun.

Cristellaria cassis Ficht et Moll.

1803. *Testacea microscopica*, etc., p. 95, pl. XVII, fig. a-l. — Commun.

Cristellaria cultrata d'Orb.

Robulina cultrata, Foraminifères du bassin de Vienne, p. 96, pl. IV, fig. 10-13. — Très commun.

Cristellaria echinata d'Orb.

Robulina echinata, ibid., p. 100, pl. IV, fig. 21, 22. — Commun.

Robulina inornata d'Orb.

Foraminifères du bassin de Vienne, p. 102, pl. IV, fig. 25, 26. — Très commun.

Polystomella crispa Lamk.

1822. Lamarck, *Animaux sans vertèbres*, t. VII, p. 625. — D'Orbigny (*op. cit.*) l'a figuré p. 125, pl. VI, fig. 9-14; Brady l'a reproduit de nouveau (*Report on the sc. results... of Challenger*, p. 736, pl. CX, fig. 6, 7). — Très commun.

Amphistegina Jessoni d'Orb.

Annales des sciences naturelles, t. VII. — Commun.

Rotalina pleurotomata Schlumberger.

1846. *Rotalina Partschiana* d'Orbigny, *Foraminifères du bassin de Vienne*, p. 153, pl. VII, fig. 28-30, et pl. VIII, fig. 1-3.

1884. *Rotalina pleurotomata* Schlumberger, *Note sur quelques Foraminifères nouveaux ou peu connus du golfe de Gascogne* (campagne du *Travailleur*, 1880); *Feuille des Jeunes Naturalistes*, p. 27, pl. III, fig. 5.

Cette espèce présente des caractères spéciaux dus à la position de son ouverture, qui varie avec l'âge de l'animal. Elle apparaît dans le miocène et vit encore. Les exemplaires vivants sont de plus petite taille que les fossiles. — Rare.

Rotalina Schreibersii d'Orb.

1846. *Foraminifères du bassin de Vienne*, p. 154, pl. VIII, fig. 4-6. — Rare.

Rotalina sp,

Très commun.

Planispirina contraria d'Orb.

1846. *Biloculina contraria* d'Orbigny, *op. cit.*, p. 266, pl. XVI, fig. 4-6.

1880. *Planispirina contraria* Brady, *Report on the sc. results... of Challenger*, p. 195, pl. XI, fig. 10, 11.

M. Steinmann a montré (*Neues Jahrbuch*, 1881, t. I, p. 31) qu'il conviendrait de créer pour cette espèce un nouveau genre auquel il a proposé de donner le nom de *Nummoloculina*. — Très rare.

Bullimina pyrula d'Orb.

1846. *Foraminifères du bassin de Vienne*, p. 184, pl. XI, fig. 9, 10. — Commun.

? Guttulina problema d'Orb.

Ibid., p. 224, pl. XII, fig. 26-28. — Très rare.

Chilostomella ovoidea Reuss.

1869. *Denksch. v. k. k. Akad. Wiss. Wien*, t. 1, p. 380, pl. XLIII, fig. 12 a, c. — M. Brady l'a fait figurer de nouveau dans *Report on the sc. results... of Challenger*, p. 436, pl. LV, fig. 12-23. — Rare.

PLANCHE XXI.

PLANCHE XXI.

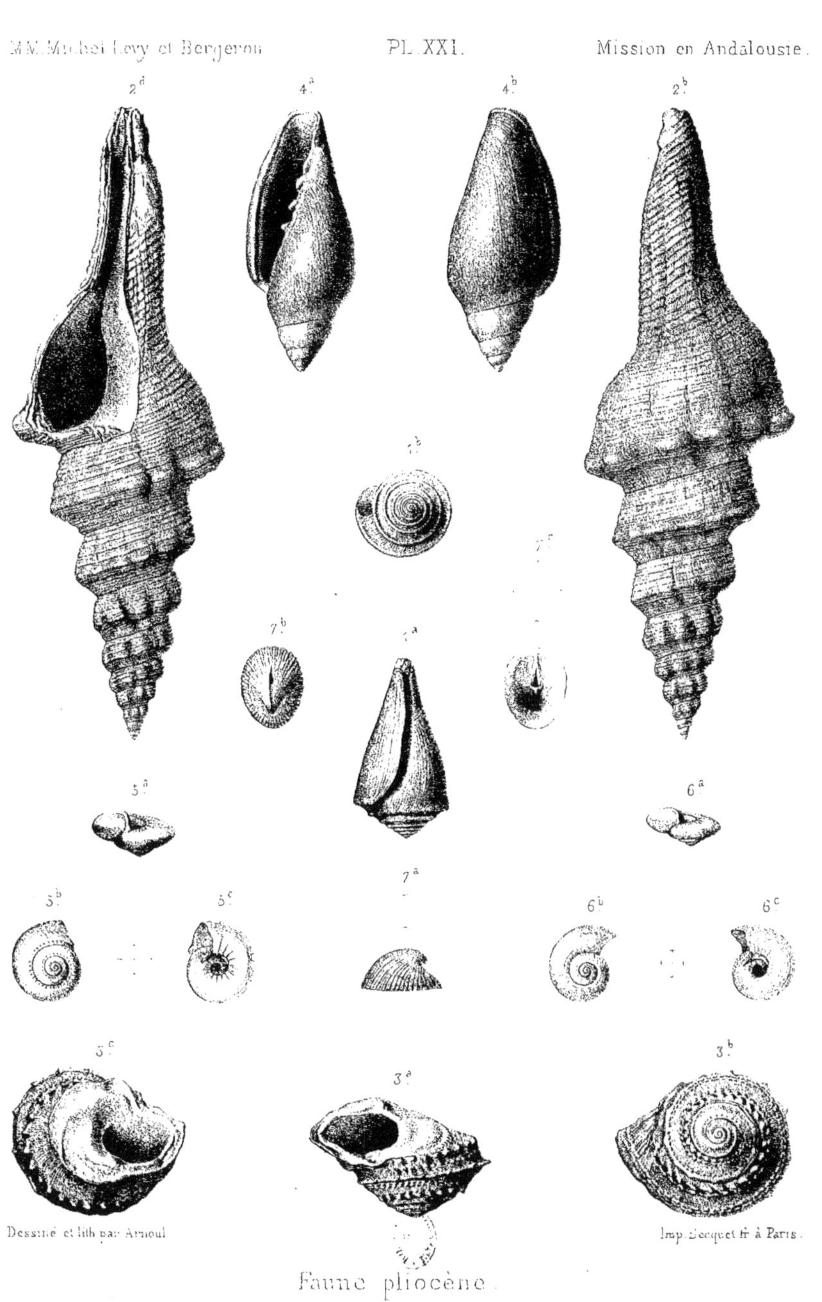

Dessiné et lith par Arnoul	Imp. Becquet fr à Paris.

Faune pliocène.

PLANCHE XXII.

PLANCHE XXII.

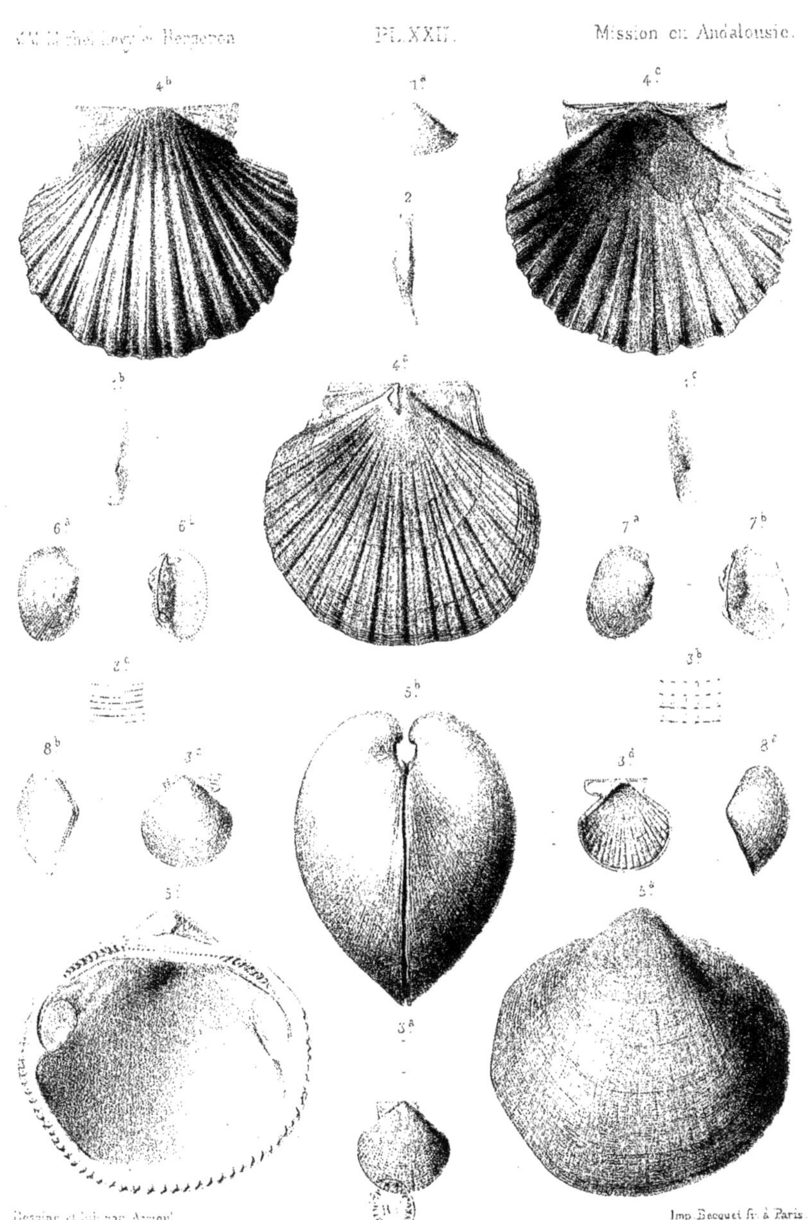

Dessiné et lith. par Arnoul
Imp. Becquet fr. à Paris.
Faune pliocène.

PLANCHE XXIII.

PLANCHE XXIII.

———

Faune pliocène.

www.ingramcontent.com/pod-product-compliance
Ingram Content Group UK Ltd.
Pitfield, Milton Keynes, MK11 3LW, UK
UKHW020212130726
13696UKWH00002B/880